高等学校公共课计算机教材系列

Visual Basic 程序设计（第 2 版）上机指导与习题解答

师云秋　主　编

王　杰　王彩霞　刘尚懿　副主编

清华大学出版社

北　京

内 容 简 介

本书是《Visual Basic 程序设计(第2版)》(王杰,师云秋主编,清华大学出版社2011年版)的实验配套教材,针对 Visual Basic 程序设计的学习过程,采用了由浅入深,由易到难逐渐展开的方式进行讲解。首先,根据上机实验的要求与特点,紧扣教材内容,分章节排列了12次相应的上机实验;其次,结合学生在学习 Visual Basic 程序设计中对编程习题不易掌握的情况,在给出相应解答的同时,提出了针对性的练习题;最后,结合一些应用题目的拓展训练,让学生进一步深刻地理解和掌握程序设计的思想和方法。

本书可作为高等院校各专业程序设计基础教学的教材,也可作为编程人员自学 Visual Basic 语言的参考用书。

图书在版编目(CIP)数据

Visual Basic 程序设计(第2版)上机指导与习题解答/师云秋主编. —北京:清华大学出版社,2011.9

(高等学校公共课计算机教材系列)

ISBN 978-7-302-26348-7

Ⅰ. ①V… Ⅱ. ①师… Ⅲ. ①BASIC 语言－程序设计－高等学校－教材参考资料
Ⅳ. ①TP312

中国版本图书馆 CIP 数据核字(2011)第 156636 号

责任编辑:索　梅　李玮琪
责任校对:李建庄
责任印制:李红英

出版发行:清华大学出版社　　　　　　　　　地　　　址:北京清华大学学研大厦 A 座
　　　　　http://www.tup.com.cn　　　　　　邮　　　编:100084
　　　　　社　总　机:010-62770175　　　　邮　　　购:010-62786544
　　　　　投稿与读者服务:010-62795954,jsjjc@tup.tsinghua.edu.cn
　　　　　质　量　反　馈:010-62772015,zhiliang@tup.tsinghua.edu.cn
印　装　者:三河市春园印刷有限公司
经　　　销:全国新华书店
开　　　本:185×260　印　张:12　字　数:295 千字
版　　　次:2011 年 9 月第 1 版　　　印　　　次:2011 年 9 月第 1 次印刷
印　　　数:1～3000
定　　　价:23.00 元

产品编号:043396-01

出版说明

随着计算机技术的普及及其向其他学科的快速渗透，非计算机专业的学生的计算机知识已普遍不能适应当今的形势，这在就业及进入新的工作方面，就更加突出。而非计算机专业的学生选修计算机专业的课程，并不符合其以应用为主、培养复合型创新人才的教学目标。目前在本科教育中有不少高校建立了以素质教育为取向的跨学科公共课体系，开设了本科生公（通）选课程，以拓宽学生的知识基础，培养不断学习和创造知识的能力和素质，以便在就业与新的工作岗位上取得更大的优势。许多高校在教学体系建设中已将计算机教学纳入基础课的范畴，在非计算机专业教学和教材改革方面也做了大量工作，积累了许多宝贵经验，起到了教学示范作用。将他们的教研成果转化为教材的形式，向全国其他学校推广，对于深化我国高等学校的教学改革具有十分重要的意义。

2005 年 1 月，在教育部下发的《关于进一步加强高等学校本科教学工作的若干意见》中明确指出："要科学制订人才培养目标和规格标准，把加强基础与强调适应性有机结合，着力培养基础扎实、知识面宽、能力强、素质高的人才，更加注重学生能力培养。要继续推进课程体系、教学内容、教学方法和手段的改革，构建新的课程结构，加大选修课程开设比例，积极推进弹性学习制度建设。"然而，目前明确定位于非计算机专业以应用为主这一教学目标的教材十分缺乏，使得一些公共课不得不选用计算机专业教材或非教材的店销图书及讲义来替代，在这种背景下，出版一套符合目前非计算机专业学习、拓宽计算机及相关领域知识的适用教材以填补这一空白，推进、配合高校新的教改需求，十分必要。清华大学出版社在对计算机基础教学现状进行了广泛的调查研究的基础上，决定组织编写一套《高等学校公共课计算机教材系列》。

本系列教材将延续并反映清华版教材二十年来形成的技术准确、内容严谨的风格，并具有以下特点：

1. 目的明确

本系列教材针对当前高等教育改革的新形势，以社会对人才的需求为导向，以重点院校已开设的公共课程为基础，同时也吸收一般院校的优秀公共课教材，广泛吸纳全国各高等学校的优秀教师参与编写，从中精选出版确实反映非计算机专业计算机教学方向的特色教材，以配套各高校开设公选课程。

2. 面向就业，突出应用

本系列教材力求突出各学科对计算机知识应用的特征，在知识结构上强调应用能力和创新能力,以使学生能比较熟练地应用计算机知识解决实际问题,满足就业单位的需求。

3. 结合教育与学科发展的需求,动态更新

本系列教材将根据计算机学科的发展和各专业的需要进行更新,同时教材的出版载体形式也会随计算机、网络和多媒体技术的发展而变化,以体现教学方法和教学手段的更新。

4. 注重服务

本系列教材都将力求配套能用于网上下载的教学课件及辅助教学资源。

由于各个学校办学特色有所不同,对教材的要求也会呈现自己的特点,我们希望大家在使用教材的过程中,及时给我们提出批评和改进意见,以便我们做好教材的修订改版工作,使其日趋完善。

清华大学出版社

联系人:郑寅堃 zhengyk@tup. tsinghua. edu. cn

前言

本 书是《Visual Basic 程序设计(第 2 版)》(王杰,师云秋主编,清华大学出版社 2011 年版)的实验配套教材,紧扣课程的教学内容与教学进度。其目的是帮助学生进一步消化吸收 Visual Basic 程序设计的基础知识和基本技能,提高学生运用 Visual Basic 语言解决实际问题的能力。

本书针对 Visual Basic 程序设计的学习过程,采用了由浅入深,由易到难逐渐展开的方式进行讲解。首先,根据上机实验的要求与特点,紧扣教材内容,分章节编排了 12 次相应的上机实验;其次,结合学生在学习 Visual Basic 程序设计中对编程习题不易掌握的情况,在给出相应解答的同时,提出了针对性的练习题;最后,结合一些应用题目的拓展训练,让学生进一步深刻的理解和掌握程序设计的思想和方法。

本书所安排的实验都有具体的实验目的和实验内容,并根据学生每次上机操作的时间要求(一般为 2 学时),精心地安排了每次的实验任务。其基本目标是使学生进一步理解所学的内容,加强学生的实践能力,使学生充分体会 Visual Basic 程序设计问题提出到算法选定,程序编制到上机实践的全过程。本书的范围与难易程度是以 Visual Basic 语言的教学大纲及计算机初级程序员水平考试和计算机等级二级考试的要求为参考标准编排的。本书可以作为高等学校非计算机专业学生学习"计算机程序设计方法"的参考书与实验指导书。

本书分为 3 部分,第 1 部分包括对实验的基本要求和在 Visual Basic 6.0 集成开发环境下上机操作基本方法;第 2 部分包括各章节的实验及相应思考题的参考答案;第 3 部分给出覆盖本书大部分知识点的综合练习题和国家计算机等级考试二级真题及参考答案。

参与本书编写的有师云秋、王杰、刘尚懿、王彩霞。

另外需要说明的是,本书给出的程序并非唯一正确的解答,因为对同一题目,可以编出多种程序,本书给出的只是其中一种,仅提供一个参考答案,主要以引导、启发为目的。本书给出的所有程序都是在 Visual Basic 6.0 集成开发环境下调试通过的。

由于水平有限,本书难免有疏漏和不足之处,恳请各位专家以及广大读者批评指正,我们会在适当的时间进行修订和补充。

编 者

2011 年 7 月

目录

CONTENTS

第一部分

上 机 指 导

Visual Basic 6.0(简称 VB 6.0)是 Microsoft 公司推出的可视化开发工具 Visual Studio 6.0 组件之一,是开发 Windows 应用程序及开发 Internet 应用的重要工具。

在 VB 6.0 中提供了 3 种版本:学习版、专业版、企业版。

学习版:是 VB 6.0 的基本版本,是针对初学者学习和进行使用的。它包括所有的内部控件、数据绑定等控件。

专业版:为专业编程人员提供了一整套进行程序开发的功能完备的工具。该版本包括学习版本的全部内容以及 Internet 控件等开发工具。

企业版:是功能最强大的一个版本,它包括了专业版的全部功能,还增加了自动化管理器、部件管理器、数据库管理工具等。

1.1 Visual Basic 6.0 的集成环境

1.1.1 环境要求

为运行 VB 6.0,必须在计算机上配置相应的硬件系统和软件系统。目前常用的计算机系统配置一般都能满足 VB 6.0 的要求。

硬件要求:586 以上 CPU,16MB 以上内存,100MB 以上硬盘空间等。

软件要求:Windows 95/98/2000/XP 或更高版本。

1.1.2 Visual Basic 6.0 的安装

Visual Basic 6.0 是 Visual Studio 6.0 套装软件中的一个成员,它可以和 Visual Studio 6.0 一起安装,也可以单独安装。安装步骤如下:

(1)启动 Windows 然后将 VB 6.0 的 CD 插入光驱,运行光盘中的 Setup.exe 或执行 VB 6.0 自动安装程序进行安装后,显示"Visual Basic 6.0 中文专业版安装向导"对话框,如图 1-1 所示。

(2)单击"下一步"按钮,对话框上显示"最终用户许可协议",从中选择"接受协议"选项,如图 1-2 所示。

图 1-1　"安装向导"对话框

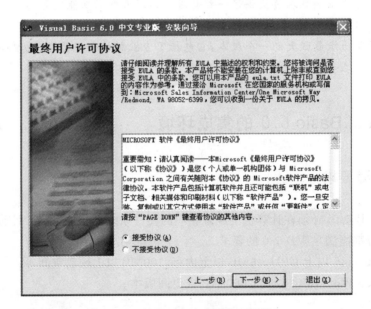

图 1-2　"最终用户许可协议"对话框

（3）单击"下一步"按钮，对话框上显示"产品号和用户 ID"，然后按照安装程序的要求输入产品的 ID 号、用户的姓名和公司名称，如图 1-3 所示。

（4）单击"下一步"按钮，对话框上显示"Visual Basic 6.0 中文专业版"，从中选择"安装 Visual Basic 6.0 中文专业版"，如图 1-4 所示。

（5）单击"下一步"按钮，然后按照提示选择安装路径后，在对话框中选择安装类型。VB 6.0 有两种安装方式：典型安装、自定义安装，初学者可以采用"典型安装"方式。

（6）完成 VB 6.0 的安装后，需重新启动计算机。重新启动后，安装程序将自动打开"安装 MSDN"对话框，若不安装 MSDN，则取消"安装 MSDN"复选框，单击"退出"按钮；若安

图 1-3 "产品号和用户 ID"对话框

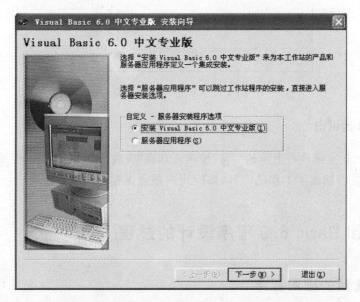

图 1-4 "Visual Basic 6.0 中文专业版"对话框

装 MSND,则选中"安装 MSDN"复选框,单击"下一步"按钮,按提示进行操作即可。MSDN 是 VB 6.0 的联机帮助文件,它包含了 VB 的编程技术信息及其他资料。

1.1.3 Visual Basic 6.0 的启动和退出

1. VB 6.0 的启动

开机并进入 Windows 后,可以用多种方法启动 VB 6.0。常用的方法是:单击"开始" 按钮,从开始菜单中选择"所有程序",再选择"Microsoft Visual Studio 6.0 中文版"子菜单

中的"Microsoft Visual Basic 6.0 中文版"程序,即可启动 VB 6.0。也可以在桌面上双击
Microsoft Visual Basic 6.0 的快捷图标来启动。

启动 VB 6.0 后,首先将显示其版权屏幕,说明此程序的使用权属于谁。稍后,显示"新
建工程"对话框,如图 1-5 所示。对话框中所显示的是"新建"选项卡,列出了可以创建的应
用程序类型,一般选择默认值"标准 EXE";单击"现存"选项卡,可以选择和打开已经建立好
的工程;单击"最新"选项卡,可以列出最近使用过的工程。

图 1-5　"新建工程"对话框

2. VB 6.0 的退出

单击 VB 6.0 主窗口右上角的"✕"按钮或选择"文件"菜单中的"退出"命令,VB 6.0 会
自动判断用户是否修改了工程的内容,询问用户是否保存文件或直接退出。

1.2　Visual Basic 6.0 程序设计的过程

1.2.1　创建新的应用程序

要创建一个新的 VB 6.0 的应用程序,首先要运行 VB 6.0 的集成开发环境。具体可分
为以下几个过程。

1. 创建一个新的工程

创建一个应用程序,首先要创建一个工程。方法是:在 VB 6.0 集成开发环境中选择
"文件"→"新建工程"命令,创建一个新的工程。但通常在 VB 6.0 启动时,系统会自动显示
"新建工程"对话框,选择"标准 EXE",单击"确定"按钮后就会创建一个新的工程,因此该步
可以直接跳过。

2．创建应用程序界面

创建应用程序界面对应用程序的可用性有很大的影响。不管程序代码多么高效，若没有一个友好的用户界面，程序都不能算是成功的，创建界面就是利用"工具箱"在窗体上添加必要的控件。

3．设置各对象的属性

在程序的设计阶段，对象的属性设置可以通过"属性窗口"来完成。用户每建立一个对象，系统会自动为每个对象的每个属性赋一个默认值（如 Form1、Command1 是系统为窗体和命令按钮设置的默认标题 Caption）。用户只需根据实际需要，修改对象的相关属性即可。

注意：

- 用户可以通过"工程"→"部件"命令将系统提供的其他标准控件装入工具箱。
- 在设计状态时，工具箱一直处于显示状态，若要隐藏工具箱，可以单击工具箱右上角的关闭按钮；若要再显示，选择"视图"→"工具箱"命令，即可弹出工具箱。在运行状态下，工具箱自动隐藏。
- 单击属性窗口右上角的关闭按钮可以关闭属性窗口；如果没有属性窗口，可按快捷键 F4 或单击工具栏上的"属性窗口"按钮或执行"视图"→"属性窗口"命令，即可弹出属性窗口。

4．编写应用程序的代码

VB 6.0 采用事件驱动机制，应用程序界面创建好后，就要根据应用程序的需要，编写代码，以某个事件来激发某个对象，从而完成某个任务，最终完成应用程序相应的功能，即对选择的对象编写事件过程代码。编程总是在代码窗口进行的，双击某个对象就可进入代码窗口，并显示出相应对象的默认事件过程的框架，它由过程声明和结束语句组成，事件过程代码就在两者之间输入。如双击窗体后，进入代码窗口，并显示出窗体的默认事件（Load 事件）过程的框架，如图 1-6 所示。除此之外还可以从对象框中选择所需对象，从事件框中选择相应的事件名，如选择对象"Form"和事件"Click"（如图 1-7 所示），更改之后，在代码窗口中显示出 Form_Click()事件过程的框架。

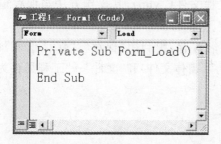

图 1-6　代码窗口

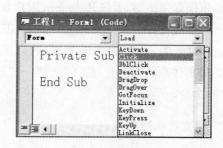

图 1-7　Click 事件过程

5．运行、调试程序

至此,程序的界面设计和代码编写都已经完成,接下来进入程序的运行和调试阶段。

运行程序有以下几种方法:

(1) 选择"运行"→"启动"命令。

(2) 按 F5 键。

(3) 单击标准工具栏上的"启动"按钮 ▶ ,运行程序。

如果想结束程序运行,可单击标准工具栏上的"结束"按钮 ■ 或选择"运行"→"结束"命令。

实际上,一个 VB 6.0 应用程序往往不能一次运行成功,如程序运行过程中出错,系统显示出错信息,此时必须对程序进行反复调试,直到满意为止。关于程序调试的方法参见 1.3 节。

6．工程的保存

程序在编写过程中或运行结束后常常要将相关文件保存到磁盘上,以便以后多次使用。保存工程的步骤如下:

(1) 选择"文件"→"保存工程"菜单命令,或单击标准工具栏上的"保存工程"按钮。

(2) 如果是第一次保存工程,系统会弹出"文件另存为"对话框,如图 1-8 所示。

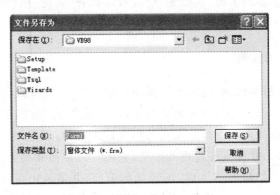

图 1-8　"文件另存为"对话框

在"文件名"文本框中显示的是系统提供的默认窗体文件名,可以根据需要对其进行修改。窗体保存完毕后,系统还会提示用户保存工程文件(.vbp),其操作方法与保存窗体文件相同。工程文件的默认文件名一般为"工程 1"。

(3) 如果是一个已存在的工程,若以原文件名保存,则利用"保存"、"保存工程"命令;若需要对文件改名存盘时,选择"文件"→"另存为"(窗体文件)和"文件"→"工程另存为"(工程文件)命令。

7．建立可执行文件

运行通过后,可将工程编译生成能脱离 VB 6.0 开发环境而独立运行在 Windows 环境下的可执行文件,即 .exe 文件。

选择"文件"→"生成…. exe"命令（省略号代表工程的名字），系统会自动弹出"生成工程"对话框，如图 1-9 所示。确定可执行文件的名称及存盘路径后，单击"确定"按钮退出对话框，一个". exe"文件就生成好了。建立可执行文件后，用户可以通过"Windows 资源管理器"或"我的电脑"找到它并双击来运行。

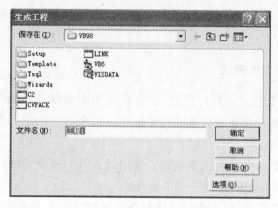

图 1-9 "生成工程"对话框

注意：在存盘时一定要记住文件保存的位置和文件名，以免下次使用时找不到。如 VB 6.0软件安装在 C 盘下，那么系统默认的保存路径是 C：\Program Files\Microsoft Visual Studio\VB98 目录。

实际上，生成的. exe 可执行文件，是需要 VB 6.0 系统的一些支持文件才能运行，如 .ocx,. dll 等文件。生成的. exe 文件在当前计算机上可以运行，是因为计算机中有 VB 6.0 的环境及这些支持文件，如果将这个. exe 文件复制到其他计算机上，可能就无法运行了。若想在脱离 VB 6.0 系统的 Windows 环境下运行，还需要打包制作安装盘。打包制作安装盘的过程请参看其他相关资料。

1.2.2　打开已存在的应用程序

如果已经编辑并保存过一个应用程序，而希望再次打开进行修改或运行时，可使用以下方法：

（1）在"资源管理器"或"我的电脑"中按路径找到应用程序保存的位置，运行其中的工程文件或窗体文件。

（2）启动 VB 6.0，在打开的"新建工程"对话框中选择"现存"选项卡，查找应用程序保存的文件夹，选中要打开的工程文件，单击"打开"按钮。

（3）在 VB 6.0 环境中，选择"文件"→"打开工程"命令。

1.3　应用程序的调试与错误处理

在程序的设计过程中，经常会出现这样或那样的错误。在应用程序中查找并修改错误的过程就称为调试。VB 6.0 为用户提供了程序调试工具，如设置断点、观察变量和过程跟踪。

1.3.1 程序调试

简单的错误可以直接看出来,但复杂的错误就需靠调试手段进行查找。VB 6.0 提供了强大的调试工具,能够帮助用户分析程序运行过程、分析变量和属性值是如何随着语句的执行而变化的。

1. VB 6.0 的三种工作模式

VB 6.0 有三种工作模式:设计模式、运行模式和中断模式。为了调试程序,用户必须知道当前所处的工作模式及其能实施的相关操作。程序所处的工作模式会在 VB 6.0 环境的标题栏中显示出来。

应用程序的调试要在中断模式下进行。常用的进入中断模式的方法有以下 4 种:

(1) 在运行模式下,选择"运行"→"中断"命令。

(2) 在程序中设置断点,程序执行到该断点时直接进入中断模式。

(3) 程序运行过程中遇到 Stop 语句。

(4) 在程序运行过程中,出现错误,也会进入中断模式。

2. 程序调试工具

(1) 程序调试工具栏。在 VB 6.0 集成开发环境中,该工具栏默认不可见。若要打开调试工具栏,可选择"视图"→"菜单"→"工具栏"→"调试"命令或在工具栏上右击,在弹出的菜单中选择"调试"命令,两种方法都可以打开调试工具栏,如图 1-10 所示。

(2) "调试"菜单。除了调试工具栏以外,VB 6.0 还提供了"调试"菜单,如图 1-11 所示。

图 1-10　调试工具　　　　　　　　图 1-11　"调试"菜单

3. 设置、清除断点

使用断点是调试的重要手段,设置断点的方法主要有两种:

(1) 将光标定位在某行,选择"调试"→"切换断点"命令或单击调试工具栏上的"切换断点"按钮,则在该行上设置了一个断点。

(2) 在需要设置断点的代码行的左边单击鼠标即可。

设置了断点的行将以粗体显示,并在该行左边显示一个咖啡色的圆点,作为断点标记。

程序在运行时,当运行到断点处,程序会停止,并进入中断模式。当把鼠标移到一个变量处,会显示变量的当前值。

清除断点的方法同断点的设置。

4. 程序跟踪

利用断点,只能查出错误大概发生在程序的哪个部分,而利用程序跟踪可以查看程序的执行过程,找到发生错误的语句行。通常使用的方法是"逐语句"跟踪和"逐过程"跟踪。

(1)"逐语句"跟踪

"逐语句"跟踪即单步执行,每次只执行一条语句,每执行完一条就进入中断,便于用户察看每条语句的执行情况和变量值的变化情况。

实现"逐语句"跟踪方法,可以选择"调试"→"逐语句"命令或单击调试工具栏上的"逐语句"按钮或按快捷键F8。在代码编辑窗口中,执行的语句前面有箭头和黄色背景。

(2)"逐过程"跟踪

如果确信程序中的某个过程不会有错误,则没必要进行"逐语句"跟踪,这时可以使用"逐过程"跟踪。当程序运行到调用过程时,"逐过程"跟踪可将整个被调用过程作为一个整体来执行。

实现"逐过程"跟踪方法,可以选择"调试"→"逐过程"命令或单击调试工具栏上的"逐过程"按钮或按快捷键Shift+F8。

5. 调试窗口

在逐行运行应用程序时,可通过调试窗口来监视表达式和变量的值。VB 6.0 提供了 3 种调试窗口:本地窗口、立即窗口和监视窗口。3 种窗口的打开可以通过调试工具栏或"视图"菜单。

(1)本地窗口

本地窗口可以显示当前过程中所有的局部变量的当前值,如图 1-12 所示。其中 Me 表示当前窗体,单击"+"图标可以查看具体信息。

(2)立即窗口

立即窗口用于显示当前程序运行过程中的有关信息,可以显示某个变量或属性值,还可以执行单个过程或表达式。

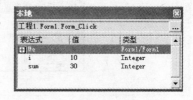

图 1-12　本地窗口

(3)监视窗口

监视窗口可以查看指定表达式或变量的值。选择"调试"→"添加监视"命令或"调试"→"编辑监视"命令可以添加或修改需要监视的表达式。

在"添加监视"对话框中,可在"表达式"文本框中输入需要监视的表达式或变量,如图 1-13 所示。在"上下文"区域中的下拉列表框中选择监视内容所在的过程和模块,最后确定监视的类型,单击"确定"按钮,弹出"监视"窗口,如图 1-14 所示。

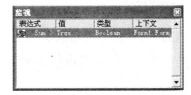

图 1-13 "添加监视"对话框   图 1-14 "监视"窗口

6. 错误类型

VB 程序错误一般可以分为 3 种类型：编译错误、运行错误、逻辑错误。

(1) 编译错误

由于使用错误的语法结构或错误的命令语句使得 VB 6.0 编译器无法对代码进行编译，这类错误称为编译错误。如非法使用或丢失关键字、丢失必要的标点符号、类型不匹配等。在输入代码时，VB 6.0 会自动对程序进行语法检查，若检查出有错误，错误所在行会以红色字显示，并弹出错误消息框，提示出错原因，如图 1-15 所示。语法检测功能只能找出代码输入时的语法错误，其他不属于语法错误的错误代码，会在程序运行时，提示出错，如图 1-16 所示。单击"确定"按钮后，可在中断模式下对错误的代码进行修改。

图 1-15 语法错误   图 1-16 编译错误

技巧

如果用户使用的 VB 6.0 集成开发环境没有自动语法检测功能，那可能是设置的问题，可按如下步骤设置：

- 选择"工具"→"选项"命令，在打开的"选项"对话框中单击"编辑器"选项卡；
- 选择"自动语法检测"命令。

(2) 运行错误

运行错误是程序运行时出现的错误、如数组下标越界、赋值语句的数据类型不匹配、文件操作时文件找不到、除法运算中除数为零等。这些错误在语法检查时检查不出来,只有在运行时才会发现,如图 1-17 所示,出现数组下标越界的错误。单击"调试"按钮,进入中断模式,出错语句前面有箭头和黄色背景,如图 1-18 所示。单击"结束"按钮,则结束程序运行。

图 1-17　下标越界错误

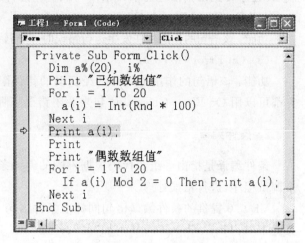

图 1-18　调试错误

（3）逻辑错误

逻辑错误不同于编译错误和运行错误,指的是应用程序从编辑到编译运行,整个过程都没有出现任何错误提示,但却得不到正确的结果。这类错误是由于程序设计本身存在逻辑缺陷造成的(如语句的次序不正确等),比较难发现。这时,需要靠耐心、经验以及 VB 6.0 提供的调试工具,才能找到出错的原因并排除错误。

1.3.2　错误处理

1. On Error 语句

On Error 语句的作用是启动一个错误处理子程序并指定该子程序在应用程序的某个过程中的位置,同时,On Error 语句也可用来禁止一个错误处理程序。On Error 语句有以下三种形式:

（1）On Error Goto 标号

格式:

```
On Error Goto 标号        '设置错误陷阱
    可能出错的语句部分
    …
Exit Sub(Function)
标号:
    错误处理语句
    …
Resume [Next]           '返回到产生错误的语句再继续执行
```

功能:在程序运行过程中,若没有错误发生,过程或函数通过 Exit Sub 或 Exit

Function 正常结束。若出现错误,转到语句标号所指定的程序块执行错误程序,错误处理完毕,执行 Resume 语句,程序返回到出错语句处执行。若有 Next 关键字,则当错误处理完成后,程序转到出错语句的下一条语句执行。这种结构常用于不易更改的错误处理。

(2) On Error Resume Next

功能:该语句的作用是在发生运行错误时,忽略错误,跳到发生错误的下一条语句继续运行。

(3) On Error GoTo 0

功能:该语句的作用是关闭已经启动的错误陷阱,停止错误捕捉。在程序中的任何地方都可以用 On Error GoTo 0 语句来关闭错误陷阱。

2.条件编译

条件编译是指由一组源代码根据不同的编译条件编译出不同的可执行文件,它也可用来调试程序,进行错误处理。

VB 6.0 提供的条件编译语句同标准条件语句 If…Then…Else…End If 类似,不过要在关键字 If、Then、Else、End If 前加"♯"符号。

格式:

```
♯If 编译常量表达式 1 Then
    语句 1
♯Else If 编译常量表达式 2 Then
    语句 2
♯Else
    语句 3
♯End If
```

其中,编译常量是用♯Const 语句定义的,格式:

```
♯Const 常量名 = 常数或表达式
```

编译常量也可以在"工程属性"对话框中设置。方法为:选择"工程"→"工程属性"命令,在"工程属性"对话框中选择"生成"选项卡,在"条件编译参数"文本框中输入编译常量并赋值,如图 1-19 所示。

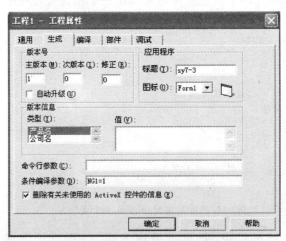

图 1-19 "工程属性"对话框

1.3.3　Visual Basic 6.0 的联机帮助

随着程序开发工具越来越复杂,把所有和程序设计相关的信息,尤其是和控件相关的信息全部记住是不可能的,所以所有的程序开发工具都会附有使用手册及参考手册,参考手册中有开发工具相关的各种信息。

微软公司为 Visual Studio 6.0 提供了一套 MSDN Library 帮助系统。在安装完 VB 6.0 时,系统会提示安装 MSDN Library。只有安装了 MSDN Library,在 VB 6.0 中才能使用联机帮助功能。

在 VB 6.0 操作过程中,若想查看关于 VB 6.0 的帮助信息,需通过 MSDN Library 查阅器打开 MSDN 帮助文档。启动 MSDN Library 查阅器有 3 种方法:

(1) 单击"开始"菜单,选择 Microsoft Developer Network→MSDN Library Visual Studio 6.0(CHS)。

(2) 在 VB 6.0 环境中,选择"帮助"→"内容"、"索引"或"搜索"命令。

(3) 在 VB 6.0 环境中,直接按 F1 键。

打开后的 MSDN Library 查阅器如图 1-20 所示。

MSDN Library 中的不只有 VB 6.0 的相关内容,还有微软的其他开发工具的技术文件也在其中,视安装时的选项而定。

图 1-20　MSDN Library 查阅器

1.4　实验要求

"VB 程序设计"课程上机实验的目的是让学生加深对课堂讲授内容的理解,培养、训练学生的程序设计和程序调试能力。在每个实验中,除了对程序设计提出要求之外,对程序的调试方法也提出具体的要求,这样就可以逐步培养学生分析、判断、改正错误的能力。"程序设计"是一门实践性很强的课程,必须十分重视实践环节,必须保证有足够的上机实验时间,最好能做到授课学时与实践学时之比为 1∶1。除了课堂的上机实验以外,应当提倡学生自己课余抽时间多上机实践。

1.4.1　上机实验前的准备工作

在上机实验前应事先做好准备工作,以提高上机实验的学习效率。准备工作包括:

(1) 了解所用的计算机系统的性能和使用方法。

(2) 复习与本实验有关的教学内容,掌握本章的主要知识点。

(3) 按任课教师的要求布置独立完成上机程序的编写,并进行人工检查。

(4) 对程序中自己有疑问的、自己没有独立解决的地方,应做出标记,以便在上机时留意或求助于实验指导教师。

(5) 准备好运行、调试和测试所需的数据。

(6) 准备实验报告。

1.4.2　上机实验的步骤

(1) 上机实验时一人一组,独立上机。打开计算机,启动 VB 集成开发环境。

(2) 输入自己编好的程序代码,检查已输入的程序是否有错,发现有错,及时改正。

(3) 运行程序并分析运行结果是否合理和正确,运行时要注意当输入不同的数据时所得到的结果是否正确。

(4) 保存程序。

(5) 对程序的运行过程进行记录和思考,并记载在实验报告上。

1.4.3　整理实验结果并写出实验报告

实验结束后,要整理实验结果并认真分析和总结,根据教师要求写出实验报告。书写报告是整个实验过程的一个重要环节。通过写报告,可以对整个实验做一个总结,不断积累经验,提高程序设计和调试的能力。

实验报告主要包含以下内容:

1. 实验目的

上机实验是学习程序设计语言必不可少的实践环节,其目的在于更深入地理解和掌握课程教学中的有关基本概念,并应用所学的知识、技术解决实际问题,从而进一步提高分析问题和解决问题的能力。上机实验也是为了验证自己所编写的程序的正确性。因此,当我们开始着手做一个实验时,必须先明确本次上机实验的实验目的,以方便复习和掌握与本次实验有关的教学内容。在写实验报告时,要进一步确认是否达到了预期的目的。

2．实验内容

每次上机实验的实验题目可能比较多,但根据教学进度、实验条件、学生基础等因素,可以选择其中的部分题目。因此,在实验报告中,实验内容是指本次上机实验中实际完成的内容。

3．程序设计说明

程序设计说明主要的内容有：程序结构和算法设计的说明、界面设计和控件属性的说明、使用模块及变量的说明、部分必要的流程图等。

4．正确的程序代码

程序编写好后,要观察运行结果是否与预期的结果相符,如果不符,应检查程序有无错误,并逐个修正;若相符,则把最终的程序代码记录在实验报告上。代码应与程序设计说明部分中的算法、用户界面和属性说明等内容一致,并且程序要有易读性,符合结构化原则。

5．程序运行结果

程序运行时首先要观察界面是否与题目要求一致,还要观察各种功能是否都已实现,有时可能还需要输入数据,然后观察运算后的输出结果是否正确。对于需要输入数据,再验证输出结果这样的程序,在实验报告中记录输出结果之前还应注明输入的数据,以便与输出结果进行分析和比较。

6．分析与体会

这是实验报告中非常重要的一项,也是经常被忽视的一项。在程序设计过程中,可能没办法一次就编写出正确的代码,所以上机实验过程中大量的工作是调试程序,这就必然会遇到各种各样的问题,每解决一个问题就是一次经验的积累,记录下调试过程中遇到的问题及解决办法,可以更快地提高自己的编程能力。除了调试分析,还要记录对程序运行结果的分析以及一些程序设计技巧的分析。思考通过本次实验是否达到了实验目的,有哪些基本概念已经掌握,碰到了哪些困难及如何解决的。若最终未完成调试,没运行出正确的结果,要认真找出错误并分析原因。

第二部分

实 验 内 容

实验 1　窗体与简单控件的程序设计

实验目的

(1) 掌握 VB 6.0 的启动和退出。

(2) 熟悉 VB 6.0 的集成开发环境、工程的创建和窗体的添加。

(3) 掌握窗体的常用属性、方法和主要事件过程。

(4) 掌握命令按钮、文本框、标签控件的使用。

(5) 了解 VB 6.0 的简单编程。

实验内容

(1) 新建一个工程,编写程序实现:单击窗体时,窗体上显示"新朋友,欢迎你!";双击窗体时,清除窗体上显示的信息。

【提示】打印使用 Print 方法,清除使用 Cls 方法。

(2) 新建一个工程,在窗体上放置 3 个名称分别为 Command1、Command2、Command3 的命令按钮,相关属性设置如图 2-1-1 所示。程序运行后,单击"窗体变大"按钮,窗体随之变大;单击"窗体变小"按钮,窗体随之变小;单击"窗体关闭"按钮,窗体被关闭。请编写程序实现上述功能,窗口变化幅度用户自定。

【提示】关闭窗体使用 End 语句。

(3) 新建一个工程,窗体满足:Caption＝窗体、Name＝Form1。程序运行后,窗体的高度与宽度均为显示器的一半,并置于显示器的中央。

【提示】

① 显示器的高度、宽度表示为 Screen. Height、Screen. Width。

图 2-1-1　第 2 题设计界面

② 在窗体的 Form_Load()事件中编写代码。

（4）在名称为 Form1、标题为"标签"的窗体上，画一个名称为 Label1，并可自动调整大小的标签，其标题为"计算机等级考试"，字体大小为三号字；再画两个命令按钮，标题分别是"宋体"和"黑体"，名称分别为 Command1、Command2，如图 2-1-2 所示。程序运行后，如果单击"宋体"按钮，则标签内容显示为"宋体"字体；如果单击"黑体"按钮，则标签内容显示为"黑体"字体。

注意：程序中不得使用变量，事件过程中只能写一条语句。

（5）在名称为 Form1 的窗体上建立一个名称为 Label1 标签，通过属性窗口设置窗体和标签的相关属性：窗体的标题为"设置标签属性"；标签的标题为"等级考试"；标签距窗体左边界 500，距窗体顶边界 300；标签可以根据标题的内容自动调整其大小；标签带有边框，如图 2-1-3 所示。单击窗体后，标签显示的文字放大 2 倍，加粗，加下划线，如图 2-1-4 所示。

图 2-1-2 第 4 题设计界面

图 2-1-3 第 5 题设计界面

图 2-1-4 第 5 题运行界面

【提示】

① 标签自动调整大小的属性是 AutoSize，边框属性是 BorderStyle。

② 文字大小属性是 FontSize、加粗属性是 FontBold、下划线属性是 FontUnderline。

（6）新建一个工程，在窗体上建立 2 个名称分别为 Label1、Label2 的标签，其标题分别为"密文"、"明文"，2 个名称分别为 Text1、Text2 的文本框，属性设置要求如下：①Text1 中输入的内容不能超过 6 位字符；②Text1 中的输入内容以"＊"代替；③Text1 中的内容可编辑，Text2 中的内容不可编辑。要求程序运行后，在 Text1 中输入内容后，输入的字符在 Text2 中显示出来，如图 2-1-5 所示。

【提示】在文本框的 Change 事件中编写代码。

（7）新建一个工程，在窗体上建立两个名称分别为 Command1、Command2 的命令按钮，一个名称为 Label1 的标签。程序运行后，单击"显示"按钮、按"回车"键、按 Alt＋S 键三种操作都可以显示标签内容；单击"清除"按钮、按 Esc 键、按 Alt＋C 键皆可清除标签中信息。根据题意设置相关属性并编写代码，设计界面和运行界面如图 2-1-6 和图 2-1-7 所示。

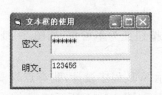
图 2-1-5 第 6 题运行界面

图 2-1-6 第 7 题设计界面

图 2-1-7 第 7 题运行界面

【提示】

① 利用 Caption 属性设置快捷键。

② 设置默认按钮利用 Default 属性,设置取消按钮利用 Cancel 属性。

(8) 在名称为 Form1 的窗体上建立一个名称为 C1、标题为"移动"的命令按钮,位于窗体的左上部,如图 2-1-8 所示。编写适当事件过程,程序运行后,每单击一次窗体,命令按钮同时向右移动 300、向下移动 100,程序运行情况如图 2-1-9 所示。注意:不得使用任何变量,每个事件过程只能写一条语句。

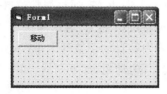

图 2-1-8　第 8 题设计界面　　　　　图 2-1-9　第 8 题运行界面

【提示】Move 方法的格式:

[对象.]Move 左边距离[,上边距离,宽度,高度]

(9) 在标题为"打印钻石"的窗体上建立两个命令按钮,名称分别为 C1、C2,标题分别为"打印"、"清除"。编写适当事件过程,使程序运行后,单击"打印"按钮出现钻石图形,如图 2-1-10 所示;单击"清除"按钮,钻石图形消失,如图 2-1-11 所示。

图 2-1-10　打印钻石图形　　　　　图 2-1-11　清除钻石图形

【提示】Print 方法的格式:

[对象.]Print [Spc(n)|Tab(n)][表达式列表][,|;]

(10) 在名称为 Form1 的窗体上建立一个名称为 Text1 的文本框,两个名称为 Command1、Command2 的命令按钮。设置适当的属性,使文本框无初始内容,可以多行显示,并且有垂直滚动条;命令按钮的标题分别为"隐藏文本框"、"显示文本框"。编程完成如下要求:

① 单击"隐藏文本框"按钮,文本框消失,同时"隐藏文本框"按钮变为不可用,如图 2-1-12 所示。

② 单击"显示文本框"按钮,文本框重新出现,并在其中显示"VB 程序设计,我有点喜欢你了!"(字体大小为 16 号),同时"隐藏文本框"按钮又变为可用,如图 2-1-13 所示。

图 2-1-12　隐藏文本框

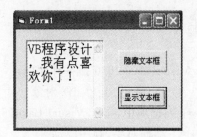

图 2-1-13　显示文本框

【提示】控件是否显示的属性是 Visible,控件是否可用的属性是 Enabled。

(11) 在窗体中建立两个标签(标签中文本左对齐、小四号字)、两个文本框(文本框中文字居中对齐)及三个命令按钮,界面设计如图 2-1-14 所示。单击"外观变化"按钮时,第一个文本框的文字变成"隶书"字体、14 号字,同时文本框变成无边框样式;单击"背景变化"按钮时,第二个文本框的背景变成红色,如图 2-1-15 所示;单击"结束"按钮退出程序。

图 2-1-14　第 11 题设计界面

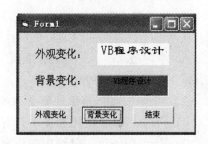

图 2-1-15　第 11 题运行界面

【提示】

① 设置文本对齐方式的属性是 Alignment。

② 文本框背景变成红色的代码:

```
Text2.BackColor = VBred
```

(12) 在名称为 Form1 的窗体上建立两个文本框,名称分别为 Text1、Text2;再建立两个命令按钮,名称分别为 C1、C2,标题分别为"复制"、"删除"。程序运行时,在 Text1 中输入一串字符,并用鼠标拖拽的方法选择几个字符,若单击"复制"按钮,则选中的字符被复制到 Text2 中,如图 2-1-16 所示;若单击"删除"按钮,则选择的字符从 Text1 中删除,请编写两个命令按钮的 Click 事件过程完成上述功能。

图 2-1-16　第 12 题运行界面

【提示】利用文本框的 SelText 属性。

练习题 1

1. Visual Basic 6.0 是一种面向_____的编程环境。
   A) 机器　　　　B) 对象　　　　　C) 过程　　　　　D) 应用

2. 下列选项中,属于 Visual Basic 6.0 程序设计方法的是_____。
   A) 面向对象、顺序驱动　　　　　　　B) 面向对象、事件驱动
   C) 面向过程、事件驱动　　　　　　　D) 面向过程、顺序驱动

3. 可视化编程的最大优点是_____。
   A) 一个工程文件由若干个窗体文件组成
   B) 具有标准工具箱
   C) 不需要编写大量代码来描述图形对象
   D) 所见即所得

4. 与传统的程序设计语言相比,Visual Basic 最突出的特点是_____。
   A) 结构化程序设计　　　　　　　　　B) 程序开发环境
   C) 事件驱动编程机制　　　　　　　　D) 程序调试技术

5. 从功能上讲,Visual Basic 6.0 有 3 种版本,下列不属于这 3 种版本的是_____。
   A) 学习版　　　　B) 标准版　　　　C) 专业版　　　　D) 企业版

6. 以下叙述中错误的是_____。
   A) Visual Basic 是事件驱动型可视化编程工具
   B) Visual Basic 应用程序不具有明显开始和结束语句
   C) Visual Basic 工具箱中的所有控件都具有宽度(Width)和高度(Height)属性
   D) Visual Basic 中控件的某些属性只能在运行时设置

7. 以下叙述中错误的是_____。
   A) 打开一个工程文件时,系统自动装入与该工程有关的窗体、标准模块等文件
   B) 保存 Visual Basic 程序时,应分别保存窗体文件及工程文件
   C) Visual Basic 应用程序只能以解释方式执行
   D) 事件可以由用户引发,也可以由系统引发

8. 下面_____不是 VB 的工作模式。
   A) 设计模式　　　B) 运行模式　　　C) 中断模式　　　　D) 大纲模式

9. 将调试通过的工程经“文件”菜单的“生成.exe 文件”编译成.exe 后,将该可执行文件转到其他机器上不能运行的主要原因是_____。
   A) 运行的机器上无 VB 系统所需的动态连接库
   B) 缺少.frm 窗体文件
   C) 该可执行文件有病毒
   D) 以上原因都不对

10. VB 应用程序保存在磁盘上,至少会有以_____为扩展名的两个文件。
    A) .doc 和.txt　　　　　　　　　　B) .com 和.exe
    C) .vbw 和.bas　　　　　　　　　　D) .vbp 和.frm

11. 保存新建的工程时,默认的路径是_____。

    A) \   B) VB98   C) Windows   D) My Documents

12. Visual Basic 6.0 集成环境的主窗口中不包括_____。

    A) 标题栏   B) 菜单栏   C) 状态栏   D) 工具栏

13. 双击窗体的任何地方,可以打开的窗口是_____。

    A) 代码窗口   B) 属性窗口   C) 工程管理窗口   D) 以上都不对

14. VB 应用程序是分层管理的,其最高的层次为_____。

    A) 工程   B) 模块   C) 窗体   D) 过程

15. 在 VB 集成环境创建 VB 应用程序时,除了工具箱窗口、窗体窗口、属性窗口外,必不可少的窗口是_____。

    A) 监视窗口   B) 立即窗口   C) 代码窗口   D) 窗体布局窗口

16. 在 VB 中,_____被称为对象。

    A) 窗体   B) 控件   C) 窗体和控件   D) 窗体、控件、属性

17. 下列关于控件画法的叙述错误的是_____。

    A) 单击一次工具箱中的控件图标,只能在窗体上画出一个相应的控件

    B) 按住 Ctrl 键后单击一次工具箱中的控件图标,可以在窗体上画出多个相同类型的控件

    C) 双击工具箱中的控件图标,所画控件的大小和位置是固定的

    D) 不用工具箱中的控件工具,不能在窗体上画出图形对象,但可以写入文字字符

18. 下面 4 项中不属于面向对象三要素的是_____。

    A) 变量   B) 事件   C) 属性   D) 方法

19. 通过代码在运行时设置属性的语法格式为_____。

    A) 对象名 ＝ 属性.新值   B) 对象名.属性 ＝ 新值

    C) 对象名.新值 ＝ 属性.新值   D) 对象名.属性 ＝ 属性.新值

20. 当事件被触发时,_____就会对该事件做出响应。

    A) 对象   B) 程序   C) 控件   D) 窗体

21. 事件的名称_____。

    A) 都要由用户定义   B) 有的由用户定义,有的由系统定义

    C) 都是由系统预先定义   D) 是不固定的

22. 要使得窗体一开始运行就充满整个屏幕则须设置_____属性。

    A) BorderStyle   B) Appearance   C) WindowState   D) DrawMode

23. 要使得窗体在出现之前就完成相关的程序设置可在_____事件中进行编程。

    A) LinkOpen   B) KeyPress   C) Load   D) Click

24. 设计阶段双击窗体 Form1 的空白处,打开代码窗口,显示_____事件过程模板。

    A) Form_Click   B) Form_Load   C) Form1_Click   D) Form1_Load

25. 在 VB 中最基本的对象是_____,它是应用程序的基石,是其他控件的容器。

    A) 文本框   B) 命令按钮   C) 窗体   D) 标签

26. 确定一个窗体或控件大小的属性是_____。

    A) Width 和 Height   B) Width 和 Top

    C) Top 和 right   D) Top 和 Left

27. 程序运行后,在窗体上单击,此时窗体不会接收到的事件是_____。
    A) MouseDown   B) Click   C) Load   D) MouseUp

28. 要使 Print 方法在 Form_Load 中起作用,要对窗体的_____属性进行设置。
    A) BackColor   B) ForeColor   C) AutoRedraw   D) Caption

29. 要使 Form1 窗体的标题栏显示"欢迎使用 VB",以下语句正确的是_____。
    A) Form1. Caption = "欢迎使用 VB"
    B) Form1. Caption='欢迎使用 VB'
    C) Form1. Caption = 欢迎使用 VB
    D) Form1. Name = "欢迎使用 VB"

30. 下列叙述错误的是_____。
    A) 双击可以触发 DblClick 事件
    B) 窗体或控件的事件名称可以由编程人员确定
    C) 移动鼠标时,会触发 MouseMove 事件
    D) 控件的名称可以由编程人员设定

31. 为了在运行时能显示窗体左上角的控制框(系统菜单),必须_____。
    A) 把窗体的 ControlBox 属性设置为 False,其他属性任意
    B) 把窗体的 ControlBox 属性设置为 True,并且把 BoderStyle 属性设置为 1～5
    C) 把窗体的 ControlBox 属性设置为 False,同时把 BoderStyle 属性调协为非 0 值
    D) 把窗体的 ControlBox 属性设置为 True,同时把 BoderStyle 属性设置为 0

32. 窗体设计器是用来设计_____。
    A) 应用程序的代码段   B) 应用程序的界面
    C) 对象的属性   D) 对象的事件

33. 要使标签能够显示所需要的东西,则在程序中应设置_____属性的值。
    A) Caption   B) Text   C) Name   D) AutoSize

34. 要使得标签能自动扩充以满足字体大小则可对其_____属性进行设置。
    A) Alignment   B) Tag   C) Autosize   D) Usemnemonic

35. 要使一个标签透明且不具有边框,则应_____。
    A) 将其 BackStyle 属性设置为 0,BorderStyle 属性设置为 0
    B) 将其 BackStyle 属性设置为 0,BorderStyle 属性设置为 1
    C) 将其 BackStyle 属性设置为 1,BorderStyle 属性设置为 0
    D) 将其 BackStyle 属性设置为 1,BorderStyle 属性设置为 1

36. 欲使标签的内容自动换行,必须设置属性_____。
    A) AutoSize   B) Left   C) Alignment   D) WordWrap

37. 决定标签中字符串颜色的属性是_____。
    A) FontColor   B) BackStyle   C) BackColor   D) ForeColor

38. 要使文本框获得输入焦点,则应使用文本框的_____方法。
    A) GodFocus   B) LostFocus   C) KeyPress   D) SetFocus

39. 要使文本框中显示密码符有效,必须首先设置_____属性。

A) Text　　　　　　B) MultiLine　　　　C) Locked　　　　　D) Enabled

40. 要使一个文本框具有水平和垂直滚动条,则应先将其 MultiLine 属性设置为 True,然后再将 ScrollBar 属性设置为_____。

A) 0　　　　　　　B) 1　　　　　　　C) 2　　　　　　　D) 3

41. 要想返回文本框中输入的内容则可利用_____属性进行编程。

A) Caption　　　　B) Text　　　　　C) Name　　　　　D) Righttoleft

42. 运行时,当用户向文本框输入新的内容,或在程序代码中对文本框的 Text 属性进行赋值从而改变了文本框的 Text 属性值时,将触发文本框的_____事件。

A) Click　　　　　B) DblClick　　　　C) GotFocus　　　　D) Change

43. MaxLength 属性为 0 时表示_____。

A) 不允许输入任何字符,但显示不限制

B) 不允许输入字符

C) 输入的字符长度不限

D) 以上都不正确

44. 文本框没有_____属性。

A) Enabled　　　　B) Visible　　　　C) BackColor　　　　D) Caption

45. 文本框控件中将 Text 的内容全部显示为所定义字符的属性项是_____。

A) PasswordChar　　　　　　　　B) 需要编程来实现

C) Password　　　　　　　　　　D) 以上都不是

46. 能够获得一个文本框中被鼠标选取文本的属性是_____。

A) Text　　　　　　B) Length　　　　C) SelText　　　　D) SelStart

47. 文本框 Text1 中有选定的文本,执行 Text1. SelText = " Hello" 的结果是_____。

A) "Hello"将替换掉原来选定的文本

B) "Hello"将插入到原来选定的文本之前

C) Text1. SelLength 为 5

D) 文本框中只有"Hello"

48. 如果文本框的 Enabled 属性设为 False,则_____。

A) 文本框的文本将变成灰色,并且此时用户不能将光标置于文本框上

B) 文本框的文本将变成灰色,用户仍然能将光标置于文本框上,但是不能改变文本框中的内容

C) 文本框的文本将变成灰色,用户仍然能改变文本框中的内容

D) 文本框的文本正常显示,用户能将光标置于文本框上,但是不能改变文本框中的内容

49. 下列程序:

```
Private Sub Text1 _Change()
    Print Text1;
End Sub
```

当在文本框输入"1234"这 4 个字符时,窗体上显示的是_____。

A) 1234　　　　　　　　　　　　C) 1121231234

B) 1　　　　　　　　　　　　　D) 1

　　2　　　　　　　　　　　　　　12

　　3　　　　　　　　　　　　　　123

　　4　　　　　　　　　　　　　　1234

50. 要在命令按钮上显示图像应_____。

A) 设置 Picture 属性

B) 实现不了

C) 先将 Style 设置为 1,然后再设置 Picture 属性

D) 以上都不对

51. 设在窗体上有两个命令按钮,其中一个命令按钮的名称为 cmda,则另一个命令按钮的名称不能是_____。

A) cmdc　　　　B) cmdb　　　　C) cmdA　　　　D) Command1

52. 将命令按钮 Command1 设置为默认的活动按钮可修改该控制件的_____属性。

A) Enabled　　　B) Value　　　C) Default　　　D) Cancel

53. 要判断命令按钮是否被单击,应在命令按钮的_____事件中判断。

A) Change　　　B) KeyDown　　C) Click　　　D) KeyPress

54. 要在垂直位置上移动控件,应利用控件的_____属性。

A) Left　　　　B) Width　　　C) Top　　　　D) Height

55. 要使某控件在运行时不可显示,应对_____属性进行设置。

A) Enabled　　　B) Visible　　　C) BackColor　　D) Caption

56. Visual Basic 6.0 中任何控件都有的属性是_____。

A) BackColor　　B) Caption　　　C) Name　　　D) BorderStyle

57. 控件内的对齐方式由_____属性决定。

A) Alignment　　B) WordWrap　　C) AutoSize　　D) Style

58. 决定控件上文字的字体、字形、大小及效果的属性是_____。

A) Text　　　　B) Caption　　　C) Name　　　D) Font

59. VB 中的坐标原点位于_____。

A) 容器右上角　　B) 容器左上角　　C) 容器正中央　　D) 容器右下角

60. 控件是_____。

A) 建立对象的工具　　　　　　　B) 设置对象属性的工具

C) 编写程序的编辑器　　　　　　D) 建立图形界面的编辑窗口

实验 2　顺序结构程序设计

实验目的

(1) 掌握各类数据定义方法、VB 算术表达式。

(2) 掌握常用函数的使用方法。

（3）掌握 VB 数据的输入和输出方法。

（4）正确使用 VB 赋值语句。

（5）掌握简单控件的使用及简单顺序结构程序的建立与运行。

实验内容

（1）设 $a=5,b=2.5,c=7.8$，编程序计算：$y=\pi ab/(a+b\times c)$。要求：程序代码在窗体的单击事件 Form_click 中编写，结果四舍五入取整输出到窗体上。

【提示】

① 四舍五入取整用 CInt 函数。

② π 取 3.14。

（2）在名称为 Form1，标题为"算术运算示例"的窗体上添加两个标签 Label1、Label2，Label1 的标题初始时为空，Label2 的标题为"＝"。窗体上还有 3 个文本框（初始时为空白）和 6 个命令按钮，如图 2-2-1 所示。编程实现从键盘输入任意两个数，可以计算它们的和、差、积、商，并在 Label1 上显示相应的运算符号，如图 2-2-2 所示。单击"清除"按钮时清空 3 个文本框以及 Label1 上的运算符号。单击"结束"按钮则是退出程序。

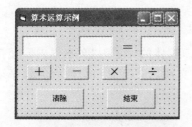
图 2-2-1　第 2 题设计界面

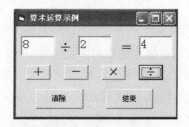
图 2-2-2　第 2 题运行界面

（3）新建一个工程，编程实现单击窗体时，弹出一个如图 2-2-3 所示的对话框。当选择其中一个按钮（如"是"）后，在窗体上会输出该按钮对应的值，如图 2-2-4 所示。

图 2-2-3　第 3 题对话框

图 2-2-4　第 3 题运行界面

【提示】MsgBox 函数的格式如下：

```
变量[%] = MsgBox(msg[,type][,title])
```

（4）在名称为 Form1 的窗体上建立 4 个命令按钮 Command1、Command2、Command3、Command4，2 个标签按钮 Label1、Label2 和 4 个文本框 Text1、Text2、Text3、Text4，设置属性、编写程序完成如下要求：

① 标签和文本框初始时是空白，4 个文本框中的文字内容是不可编辑的。

　　② 单击"输入数据"按钮,通过 InputBox 函数从键盘上输入 4 个数据,并依次显示在文本框中。弹出的对话框如图 2-2-5 所示。要求:对话框上有当前输入的是第几个数的提示信息(如"请输入第一个数:"),并且在每次输入数据之前先清空上次运算的数据及结果。

　　③ 单击"和"、"平均数"按钮,计算 4 个数据的和、平均数,并显示在 Label1、Label2 上,如图 2-2-6 所示。

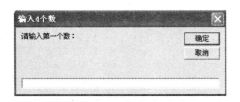

图 2-2-5　第 4 题 InputBox 对话框　　　　　图 2-2-6　第 4 题运行界面

　　④ 单击"结束"按钮,退出程序。

【提示】

InputBox 函数格式:

```
InputBox(prompt[,title][,default][,xpos][,ypos])
```

　　(5) 在窗体上建立两个文本框,一个命令按钮。窗体的标题为"文本框内容交换",命令按钮的标题为"交换",编程实现两个文本框内容的交换。交换前和交换后的程序运行情况如图 2-2-7 和图 2-2-8 所示。

图 2-2-7　第 5 题交换前　　　　　　　图 2-2-8　第 5 题交换后

【提示】

　　交换的方法:设一中间变量 t,实现 a 和 b 的交换,t＝a　a＝b　b＝t。

　　(6) 制作一个登记表,通过 InputBox 对话框输入一个人的姓名、性别、年龄和籍贯,并在窗体上显示所输入的结果。单击窗体时输入数据,如图 2-2-9 所示。最后结果显示在窗体上(字号为 18),如图 2-2-10 所示。要求:对话框上有当前输入的内容的提示信息(如"请输入年龄:")。

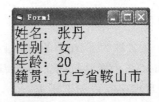

图 2-2-9　第 6 题 InputBox 对话框　　　　图 2-2-10　第 6 题运行界面

【提示】

InputBox 函数格式：

```
InputBox(prompt[,title][,default][,xpos][,ypos])
```

（7）在名称为 Form1 的窗体上建立一个命令按钮，其名称为 C1，标题为"转换"，然后再建立两个文本框，其名称分别为 Text1 和 Text2，初始内容为空白。编写适当的事件过程，程序运行后，在 Text1 中输入一行英文字符串，如果单击命令按钮，则 Text1 文本框中的字母都变为小写，而 Text2 中的字符串变为大写。例如，在 Text1 中输入"Visual Basic 6.0 Programming"，则单击命令按钮后，结果如图 2-2-11 所示。要求：不得使用任何变量。

【提示】

大小写字母转换利用 LCase 函数和 UCase 函数。

（8）新建一个工程，编程实现由键盘输入一个四位的正整数，打印出它的每一位数字，并按逆序打印出各位数字，运行界面及结果如图 2-2-12 所示。

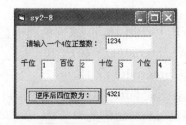

图 2-2-11 第 7 题运行界面　　　　图 2-2-12 第 8 题运行界面

【提示】

拆分数据的方法：例如拆分 3627。

千位＝3627/1000＝3；百位＝(3627－3×1000)/100＝6；

十位＝(3627－3×1000－6×100)/10＝2；个位＝3627 Mod 10＝7。

练习题 2

选择题

1. 以下不合法的常量是_____。

　　A) 100.0　　　　　B) 100　　　　　C) 10^2　　　　　D) 10E+01

2. 以下合法的变量名是_____。

　　A) E8　　　　　B) 6 * delta　　　　　C) True　　　　　D) a%d

3. 下列符号常量的声明中，不合法的是_____。

　　A) Const a As Single=1.3　　　　　B) Const a As integer="13"

　　C) Const a="OK"　　　　　D) Const a As long=int(4.5678)

4. 假设变量 int1 是一个整型变量，则执行赋值语句 int1="12"+34 & 11 后，变量 int1 的值是_____。

　　A) 46　　　　　B) 123411　　　　　C) 57　　　　　D) 4611

5. 若定义了数值型变量、字符型变量和逻辑变量,但未赋值,则数值型、字符型和逻辑型变量的默认值分别是_____。

　　A) 0、空串、0　　　　B) 0、0、True　　　C) 0、空串、False　　D) 没有任何值

6. 在 VB 6.0 中,下列优先级最高的运算符是_____。

　　A) \　　　　　　　　B) <　　　　　　　C) Not　　　　　　D) *

7. 下面表达式的运算结果和其他 3 个表达式的值不相同的是_____。

　　A) exp(−4.5)　　　　　　　　　　　B) int(−4.5)+0.5

　　C) −abs(−4.5)　　　　　　　　　　D) sgn(−4.5)−3.5

8. 设 a=2,b=3,c=4,d=5,下列三个表达式的值分别是_____。

　　(1) a>b and c<=d or 2 * a>c

　　(2) 3<2 * b or a=c and b<>c or c>4

　　(3) not a<=c or 4 * c=b^2 and b<>a+c

　　A) False False False　　　　　　　B) True False False

　　C) False False True　　　　　　　D) False True False

9. VB 中产生[10,50]之间的随机整数的表达式是_____。

　　A) int(rnd(1) * 40)+10　　　　　B) int(rnd(1) * 40)+11

　　C) int(rnd(1) * 41)+11　　　　　D) int(rnd(1) * 41)+10

10. 表达式 left("你近来可好?",1)+right("How do you like",4)+Mid("英语? 高数? 计算机",4,3)的值是_____。

　　　　A) 你 like 高数?　　　　　　　B) 你 like 计算机?

　　　　C) 你高数?　　　　　　　　　D) like 高数?

11. 如果要对程序代码进行注释,可以使用的 Visual Basic 语句是_____。

　　A) Let 语句　　　B) Rem 语句　　　C) Set 语句　　　D) Print 语句

12. x 是大于 0 小于 45 的数,用 VB 表达式表示正确的是_____。

　　A) 0<=x<45　　　　　　　　　B) 0<=x<=45

　　C) 0<=x and x<45　　　　　　D) 0<=x or x<45

13. 可以时事删除字符串前部和尾部空白的函数是_____。

　　A) Ltrim　　　　B) Rtrim　　　　C) Trim　　　　D) Mid

14. 表达式 Round(4.562,1)的值是_____。

　　A) 4　　　　B) 5　　　　C) 4.5　　　　D) 4.6

15. 下列表达式中值为−6 的是_____。

　　A) Fix(−5.678)　　　　　　　　B) Int(−5.678)

　　C) Fix(−5.678+0.5)　　　　　　D) Int(−5.678−0.5)

16. 将代数表达式 $\cos^2(a+b)+5e^2$ 写成 VB 6.0 的表达式,其正确的形式是_____。

　　　　A) cos(a+b)^2+5 * exp(2)　　　B) cos^2(a+b)+5 * exp(2)

　　　　C) cos(a+b)^2+5 * ln(2)　　　D) cos^2 (a+b) +5 * ln(2)

17. 表达式(13\2+2) * int(21/5) mod (3^3−4mod 16\2^2)的值是_____。

　　A) 3　　　　B) 2　　　　C) 6　　　　D) 5

18. 在窗体上建立一个命令按钮,名称为 Command1,然后编写如下事件过程:

```
Private Sub Command1_Click()
    Dim b As Integer
    b = a + 1
End Sub
```

运行程序,第 3 次单击命令按钮后,变量 b 的值为_____。

   A) 0   B) 1   C) 2   D) 3

19. 在窗体上建立一个命令按钮,名称为 Command1,然后编写如下事件过程:

```
Private Sub Command1_Click()
  a$ = "software and hardware"
  b$ = Right(a$, 8)
  c$ = Mid(a$, 1, 8)
  MsgBox a$, , b$, c$, 1
End Sub
```

运行程序,单击命令按钮,则在弹出的对话框的标题栏中显示的是_____。

   A) software and hardware   B) software

   C) hardware   D) 1

20. 在窗体上建立一个命令按钮,名称为 Command1,然后编写如下事件过程:

```
Private Sub Command1_Click()
    a$ = "Visual Basic"
    Print String(3, a$)
End Sub
```

运行程序,单击命令按钮,在窗体上显示的内容是_____。

   A) VVV   B) Vis   C) sic   D) ll

21. 下面正确的赋值语句是_____。

   A) x+y=30   B) y=π*r*r   C) y=x+30   D) 3y=x

22. 为了给 x,y,z 这 3 个变量赋初值 3,下面正确的赋值语句是_____。

   A) x=3：y=3：z=3   B) x=3,y=3,z=3

   C) x=y=z=3   D) xyz=3

23. InputBox 函数返回值的类型为_____。

   A) 数值   B) 字符串

   C) 变体   D) 数值或字符串(视输入的数据而定)

24. 如果将布尔常量值 TRUE 赋值给一个整型变量,则整型变量的值为_____。

   A) 0   B) -1   C) True   D) False

25. 下列语句中,不能交换变量 a 和 b 的值的是_____。

   A) t=b：b=a：a=t   B) a=a+b：b=a-b：a=a-b

   C) t=a：a=b：b=t   D) a=b：b=a

填空题

1. 随机生成一个两位正整数的表达式是_____。

2. 一个变量未被显示定义,末尾也没跟类型说明符,则变量的默认类型是＿＿＿＿。

3. 表达式(−10)^−2 的值是＿＿＿＿。

4. 表达式 abs(−7 mod −2)的值是＿＿＿＿。

5. Visual Basic 在数据后面可以加上符号表示不同的数据类型,& 表示＿＿＿＿,@表示＿＿＿＿,! 表示＿＿＿＿。

6. 执行下面的程序段后,变量 b$ 的值为＿＿＿＿。

```
a$ = "BeijingShanghai"
b$ = Mid(a$,InStr(1,a$,"g")+1)
```

7. 在 VB 6.0 中,字符串常量要用＿＿＿＿括起来,日期/时间型常量要用＿＿＿＿括起来。

8. InputBox 函数用于产生输入对话框,其返回值类型为＿＿＿＿。

9. 以下语句输出的结果是＿＿＿＿。

```
s$ = "China"
s$ = "Beijing"
Print s$
```

实验 3　选择结构程序设计

实验目的

(1) 掌握逻辑运算符和逻辑表达式的正确书写形式。

(2) 掌握各种条件语句的使用。

(3) 熟悉选择结构程序设计。

(4) 使用选择结构与 VB 中的控件进行简单的程序设计。

实验内容

(1) 在名称为 Form1,标题为"求最大数"的窗体上添加 2 个标签、3 个文本框和 1 个命令按钮。编程实现由键盘输入三个数,单击"最大数"按钮求出其中最大的数,并显示在标签上。运行界面如图 2-3-1 所示。

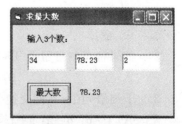

【提示】

定义一变量 Max(用来存放最大的数)。假设第一个数大,赋值给 Max,然后依次用 Max 与第二、第三个数比较,如果 Max 小,则重新给 Max 赋值。

图 2-3-1　第 1 题运行界面

(2) 在名称为 Form1,标题为"计算三角形的面积"的窗体上添加 3 个标签、3 个文本框和 3 个命令按钮。设置属性、编写程序完成如下要求:

① 输入三角形的三条边,单击"计算"按钮,若能够构成三角形,求此三角形的面积,显示在标签上(如图 2-3-2 所示),否则弹出"警告"对话框(如图 2-3-3 所示)。

② 单击"清除"按钮,则清除文本框和显示面积的标签上的内容。

③ 单击"结束"按钮,退出程序。

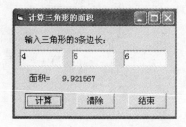

图 2-3-2　第 2 题运行界面

图 2-3-3　第 2 题"警告"对话框

【提示】

① (海伦公式)已知三角形三边 a、b、c,半周长 p＝(a＋b＋c)/2,则

$$S = \sqrt{p(p-a)(p-b)(p-c)}$$

② 求平方根,可以用 Sqr 函数。

(3) 在窗体的单击事件中,编程实现百分制转换为 5 级分制。成绩的等级划分为:90 分以上为 A、80～89 分为 B、70～79 分为 C、60～69 分为 D、60 分以下为 E。单击窗体,弹出 InputBox 对话框,输入一百分制,单击"确定"按钮后,对应的 5 分制显示在窗体上。例如在输入框中输入 84(如图 2-3-4 所示),单击"确定"按钮后,运行结果如图 2-3-5 所示。

图 2-3-4　第 3 题 InputBox 对话框

图 2-3-5　第 3 题运行界面

【提示】

可以利用:

```
If 条件 1 then
    语句块 1
  Elseif 条件 2 then
    语句块 2
    …
  Else
    语句块 n
  End if
```

(4) 输入 x 的值,根据如下函数,输出 y 的值。

$$y = \begin{cases} x, & x < 1 \\ 2x-1, & 1 \leqslant x < 10 \\ 3x-11, & x \geqslant 10 \end{cases}$$

在文本框中输入 x 值后,单击"计算"按钮,y 值会显示在标签上(如图 2-3-6 所示)。单击"结束"按钮,则退出程序。要求:用 Select Case 多分支语句完成。

图 2-3-6　第 4 题运行界面

【提示】

① 在文本框内输入一个数据,编写 Command1_Click 事件。

② Select Case 多分支语句格式:

```
Select Case 测试表达式
        Case 表达式列表 1
            语句块 1
        [Case 表达式列表 2
            [语句块 2]]
            ...
        [Case Else
            [语句块 n]]
    End Select
```

(5) 在名称为 Form1 的窗体上有 4 个标签 L1、L2、L3、L4,标签标题分别为"账号"、"密码"、"剩余次数"和"3"。两个命令按钮 C1 和 C2,标题为"确定"和"结束"。两个名称分别为 T1 和 T2 的文本框,T1 用来输入账号,初始为空。T2 用来输入密码,初始为空,输入时显示"*",不超过 6 位字符(在代码中设置)。在文本框中输入账号和密码,单击"确定"按钮,如果账号输入的是"vb",密码输入的是"123456",则弹出对话框显示"密码正确!"(如图 2-3-7 所示)。如果账号错误,弹出对话框提示"账号错误!"。如果账号正确,密码错误,弹出对话框提示是第几次密码错误,同时 L4 上显示剩余次数(如图 2-3-8 所示)。最多可输入 3 次密码,若 3 次都错误,则提示"第 3 次密码错误,系统将锁死!"(如图 2-3-9 所示),禁止再次输入。单击"结束"按钮,退出程序。编程完成上述功能。

图 2-3-7　正确　　　　　图 2-3-8　"错误"提示及显示　　　　　图 2-3-9　第 3 次错误

【提示】

错误次数可通过标签 L4 来设置。

(6) 在名称为 Form1 的窗体上建立 4 个文本框和 4 个标签,标签标题分别为"工资"、"税率"、"税后工资"和"应交税款",一个命令按钮,标题为"查询"。假如个人所得税的起征点为 1600,超出 1600 的部分要按税率上税,税率规定如下:超出部分>5000,税率为 20%;超出部分>2000,税率为 15%;超出部分>500,税率为 10%;超出部分≤500,税率为 5%。编写程序,当输入工资后,按"查询"按钮,先判断输入的是否是数字。若是数字,就在相应的文本框中显示出"税率"、"税后工资"和"应交税款"(如图 2-3-10 所示)。若不是数字,则用 msgbox 函数弹出提示信息(如图 2-3-11 所示),单击"重试"按钮,回到窗体界面,清空文本框,并使工资对应的文本框获得焦点;单击"取消"按钮,则退出程序。

图 2-3-10　第 6 题运行界

图 2-3-11　第 6 题提示

【提示】

① 判断是否是数字可用 IsNumeric 函数。

② 文本框获得焦点的方法是 SetFocus。

(7) 在窗体上建立 4 个文本框和一个命令按钮,在 4 个文本框中分别输入 4 个数。单击命令按钮后,先判断 4 个文本框中的内容是否是数字,不是数字用 msgbox 语句弹出提示信息,是数字则使文本框中数值按升序排序,运行结果如图 2-3-12 所示。编程完成上述功能。

【提示】

排序方法:用 Text1 中的数与 Text2、Text3、Text4 中的数比较大小,大则交换;再用 Text2 中的数与 Text3、Text4 中的数比较大小,大则交换;最后用 Text3 中的数与 Text4 中的数比较大小,大则交换。

(8) 新建一工程,单击窗体,弹出如图 2-3-13 所示的对话框,从键盘上输入一个字母或 0~9 中的一个数字,编写程序对其进行分类;字母分为大小写,数字分为奇数和偶数,如果输入的是字母或数字,则用 msgbox 语句输出其分类结果,否则用 msgbox 语句输出相应的信息。各种运行情况如图 2-3-14 所示。

图 2-3-12　第 7 题运行界面

图 2-3-13　第 8 题输入对话框

图 2-3-14　第 8 题运行界面

【提示】

① 判断输入的内容是否是数字可用 IsNumeric 函数。

② 用 ASCII 码判断大小写字母,Asc 函数用来返回一个字符的 ASCII 码。

（9）在窗体上有三个复选框，名称分别为 ch1、ch2 和 ch3，标题分别为"SQL Server 数据库"、"My SQL 数据库"和"计算机网络"，再画一个命令按钮，名称为 Command1，标题为"确定选课"。程序运行时，要求根据选择情况，最后单击命令按钮时，在窗体上打印出选课的信息，如图 2-3-15 所示。

【提示】

在按钮的 Click 事件中，根据复选框的 Value 属性来判断是否被选中，如果被选中则打印时要加上相应的信息（也可是复选框的 Caption 属性）。

（10）在窗体上有个文本框名称为 T1，一个命令按钮名称为 C1，标题为"确定"，还有两个单选按钮，名称分别为 OP1、OP2 标题为"男生"、"女生"，两个复选框 CH1、CH2，标题为"体育"和"音乐"，程序运行时，单击确定按钮后，根据选择的情况，在文本框中显示"我是男生/女生，我的爱好是体育/音乐/体育和音乐"，如图 2-3-16 所示。如果没有选择性别或者是爱好，在单击"确定"按钮时，要给出提示信息。

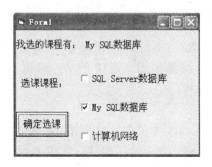
图 2-3-15　第 9 题运行界面

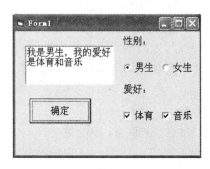
图 2-3-16　第 10 题运行界面

【提示】

① 在按钮的 Click 事件中，要先用单选按钮的 Value 属性对性别进行判断，根据选择，在 T1 的 Text 属性中赋值性别（因为单选按钮的特性，要使用多条件分支语句），如果两个单选按钮都没有被选中，要使用 Msgbox 函数来进行信息提示。

② 然后再对复选框进行判断，根据每个复选框 Value 的属性值进行判断，将信息赋值到 T1 的 Text 属性中。

练习题 3

选择题

1. 下面程序段运行后，显示的结果是_____。

```
Dim x
If x then print x else print x + 1
```

　A) 1　　　　　　　B) 0　　　　　　　C) 01　　　　　　　D) 显示出错信息

2. 设 a＝5，b＝6，c＝7，d＝8，执行语句 X＝Ilf((a＞b)And (c＞d)，10，20)后，x 的值是_____。

　A) 10　　　　　　　B) 20　　　　　　　C) 30　　　　　　　D) 200

3. 语句 Print Sgn(-6^2)＋Abs(-6^2)＋Int(-6^2)的输出结果是_____。

    A）-36 B）1   C）-1 D）-72

4. 执行语句 strInput ＝ InputBox("请输入字符串","字符串对话框","字符串")后将显示输入对话框。此时如果直接单击"确定"按钮，则变量 strInput 的内容是_____。

    A）"请输入字符串"   B）"字符串对话框"

    C）"字符串"   D）空字符

5. 以下程序段求两个数中的大数，不正确的是_____。

    A）max＝IIf(x＞y,x,y)   B）if x＞y then max＝x else max＝y

    C）max＝x   D）if y＞x max＝x

       If y＞x then max＝y   max＝y

6. 在窗体上画一个名称为 Command1 的命令按钮，然后编写如下事件过程：

```
Private Sub Command1_Click()
    x = InputBox("input")
    Select Case x
        Case 1, 3
        Print "分支1"
    Case Is > 4
        Print "分支2"
    Case Else
        Print "Else 分支"
    End Select
End Sub
```

程序运行后，如果在输入对话框中输入 2，则在窗体上显示的是_____。

    A）分支1   B）分支2   C）Else 分支   D）程序出错

7. 以下关于 MsgBox 的叙述中，错误的是_____。

    A）MsgBox 函数返回一个整数

    B）通过 MsgBox 函数可以设置信息框中图标和按钮类型

    C）MsgBox 语句没有返回值

    D）MsgBox 函数的第二个参数是一个整数，该函数只能确定对话框中显示的按钮
       数量

8. 以下 Case 语句中错误的是_____。

    A）Case 0 To 10   B）Case Is＞10

    C）Case Is＞10 And Is＜50   D）Case 3,5,Is＞10

9. 有如下程序：

```
Private Sub Form_Click()
    Dim a, b, x As Integer
    a = InputBox("a = ?")
    b = InputBox("b = ?")
    x = a + b
    If a > b Then x = a - b
```

```
    Print x
End Sub
```

运行后,单击窗体并从键盘输入 2 和 4,输出的值是_____。

A) 6   B) —2   C) 2   D) 24

10. 下列程序段的执行结果是_____。

```
x = Int(Rnd() + 4)
Select Case x
    Case 5
        Print "优秀"
    Case 4
        Print "良好"
    Case 3
        Print "通过"
    Case Else
        Print "不通过"
End Select
```

A) 优秀   B) 良好   C) 通过   D) 不通过

11. 当输入 4 时,以下程序的输出结果是_____。

```
Private Sub Command1_Click()
    x = InputBox(x)
        If x^2 < 15 Then y = 1/x
        If x^2 > 15 Then y = x^2 + 1
        Print y
    End Sub
```

A) 4   B) 17   C) 18   D) 25

12. 设 x=8,y=14,z=15,以下表达式的值是_____。

```
x < y And (Not y > z) Or z < x
```

A) 1   B) —1   C) True   D) False

13. 下列多分支选择结构的 Case 语句,写法错误的是_____。

A) Case 1,5,7,9   B) Case 8 To 12

C) Case Is < "Man"   D) Case 5 To 2

14. 设 a=6,则执行 x=IIf(a>5,—1,0)后,x 的值为_____。

A) 5   B) 6   C) 0   D) —1

15. 下来程序段执行结果为_____。

```
x = 5: y = -6
if Not x > 0 then x = y - 3 Else y = x + 3
print x - y;y - x
```

A) —3 3   B) 5 —9   C) 3 —3   D) —6 5

填空题

1. VB 的赋值语句即可给_____赋值,也可给对象的_____赋值。

2. 在 VB 中,用于产生输入对话框的函数是_____,其返回值类型为_____,若要利用该函数接收数值的数据则可利用_____函数对其输入值进行转换而得到。

3. 在 VB 中若要产生一消息框,则可用语句_____来实现。

4. 在 Select Case 语句中,关键字 Case 后面的取值格式有 3 种,一组用逗号间隔的表达式、表达式 1 To 表达式 2、_____。

5. VB 的续行符采用_____;若要在一行书写多条语句,则各语句间应加分隔符,VB 语句分隔符为_____。

6. 结构化程序由 3 种控制结构组成,这 3 种控制结构分别是_____结构、_____结构和_____结构。

7. 在窗体上建立了一个文本框、一个标签和一个命令按钮,其名称分别为 Text1、Label1 和 Command1,然后编写如下两个事件过程:

```
Private Sub Command1_Click()
    S$ = InputBox("请输入一个字符串")
    Text1.Text = S$
End Sub
Private Sub Text1_Change()
    Label1.Caption = UCase(Mid(Text1.Text, 7))
End Sub
```

程序运行后,单击命令按钮,将显示一个输入对话框,如果在该对话框中输入字符串 "VisualBasic",则在标签中显示的内容是_____。

8. 在窗体上建立一个命令按钮,名称为 Command1,然后编写如下程序:

```
Private Sub Command1_Click()
    x = 10
    e = Sgn(x) + 1
    If e = 1 Then
      y = x * x + 1
    ElseIf e = 2 Then
      y = 5 * x + 5
    Else
      y = 0
    End If
    Print y
End Sub
```

程序运行后,单击命令按钮,则在窗体上显示的内容是_____。

9. 在窗体上建立一个名称为 Command1 的命令按钮和两个名称分别为 Text1、Text2 的文本框,然后编写如下两个事件过程:

```
Private Sub Command1_Click()
    n = Text1.Text
    Select Case n
      Case 1 To 20
```

```
          x = 10
        Case 2, 4, 6
          x = 20
        Case Is < 10
          x = 30
        Case 10
          x = 40
      End Select
      Text2.Text = x
    End Sub
```

程序运行后,如果在文本框 Text1 中输入 10,然后单击命令按钮,则在 Text2 中显示的内容是_____。

10. 在窗体上建立一个名称为 Text1 的文本框和 1 个名称为 Command1 的命令按钮,然后编写如下两个事件过程:

```
Private Sub Command1_Click()
    a = InputBox("Please input the value of a:")
    a = _____ (a)
    If _____ Then
      Text1.Text = "a是正数"
    Else
      If (a < 0) Then
          Text1.Text = "a是负数"
      End If
    End If
End Sub
```

程序运行后,从键盘上输入一个整数,赋给变量 a,若 a 大于等于 0,则在文本框中输出"a 是正数",若 a 小于 0,则在文本框中输出"a 是负数",请填空。

实验 4   循环结构程序设计

实验目的

(1) 熟练掌握 For 语句的使用及其执行过程。

(2) 掌握 Do{While/Until}…Loop 与(Do…Loop{While|Until})两种循环语句的使用。

(3) 掌握 While…end 语句实现循环的方法。

(4) 掌握多重循环的规则和程序设计方法。

(5) 学会如何控制循环条件,防止死循环或不循环。

实验内容

以下(1)~(6)题在窗体的单击事件 Form_click 中编写,结果输出到窗体上。

（1）求 X＝2＋4＋6＋……＋100 的和。

（2）求 n！（n 的值用键盘输入）。

（3）求 1 到 100 之间能被 5 整除但不能被 7 整除的所有数及其和。

【提示】：被整除可用取模运算来求，如 a mod b＝0，则说明 a 能被 b 整除。

（4）分别求出 1！＋2！＋3！＋…＋10！和 2！＋4！＋…＋10！的值。

【提示】：① 1！＋2！＋3！＋…＋10！＝4037913

    ② 2！＋4！＋…＋10！＝3669866

（5）打印出所有"水仙花数"，所谓"水仙花数"是指一个三位数，其各位数字的立方和等于该数本身。例如：153 是一个水仙花数，因为 $153＝1^3＋5^3＋3^3$。

（6）有一分数序列：2/1,3/2,5/3,8/5,13/8……，求出这个数列的前 20 项之和。

（7）在名称为 Form1 的窗体上添加 3 个标签、3 个文本框和 1 个标题为"计算"的命令按钮。单击"计算"按钮，弹出 InputBox 函数对话框，依次输入如下 10 个数：－2,73,82,－76,－1,24,321,－25,89,－20,之后会在对应的文本框中输出其中的负数，同时分别计算并输出正数和负数之和，运行界面如图 2-4-1 所示。编程实现上述功能。

（8）在名称为 Form1 的窗体上添加 4 个标签和 4 个文本框。在"第一个数"和"第二个数"对应的文本框内输入两个正整数后，单击窗体，则在相应的文本框内显示出两个数的最大公约数和最小公倍数，运行界面如图 2-4-2 所示。编程实现上述功能。

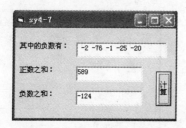

图 2-4-1　第 7 题运行界面

图 2-4-2　第 8 题结果

【提示】

① 求最大公约数。

- 方法一，辗转相除法。设两个数 m、n，假设 m＞n，并用 m 除以 n，求得余数 q，若 q 为 0，则 n 即为最大公约数；若 q 不等于 0，则按如下迭代：m＝n，n＝q，原除数变为新的被除数，原余数变为新的除数；重复除法，直至余数为 0 为止，余数为 0 时的除数 n，即为原始 m、n 的最大公约数。

- 方法二。设两个数 m、n，假设 m＞n，从 m 到 1 做循环，依次用循环到的数除 m、n，遇到的第一个能同时被 m、n 整除的数，就是 m、n 的最大公约数。

② 求最小公倍数：设两个数 m、n，最大公约数为 i，则最小公倍数＝m×n/i。

（9）求自然对数的底 e 的值，e＝1＋1/1！＋1/2！＋1/3！＋…＋1/n！，直到 1/n！小于 10^{-5}。在窗体的单击事件中编写，结果输出到窗体上。

【提示】

可以用 do 循环来实现。

（10）在名称为 Form1 的窗体上添加两个标签（标题分别为"n 的值"、"π 的值"）、2 个文本框和 2 个命令按钮（标题分别为"计算"、"结束"）。在文本框中输入 n 的值，单击"计算"按

钮,求圆周率 π 的值。单击"结束"按钮,退出程序。圆周率的计算公式为:

$$\frac{\pi}{4} = 1 - \frac{1}{3} + \frac{1}{5} - \frac{1}{7} + \cdots + \frac{1}{n} + \cdots$$

运行结果如图 2-4-3 所示,编程实现上述功能。

【提示】

① 根据公式可利用一个单循环进行累加。

② 利用 t＝t * (－1)实现正、负号的交替。

(11) 编写单击窗体事件,求出 1000～9999 之间具有如下特点的四位数字,它的平方根恰好就是它中间的两位数字,例如,2500 开平方为 50,恰为 2500 的中间两位,找出所有这样的四位数。并求出所有这样的数的和存入 SUM 中。

【提示】

利用循环:i＝1000 To 9999,在循环体内将 i 的第 2 位和第 3 位数取出给 n,判断 n 的平方与 i 是否相等,若相等则输出 i,并求 SUM＝SUM＋i。

(12) 在窗体上建立一个名称为 C1,标题为"统计"的命令按钮,四个标签 L1、L2、L3、L4,标题分别为"字符串"、"字母"、"数字"和"其他字符",四个文本框 T1、T2、T3 和 T4,初始为空。在 T1 中输入一字符串,单击"统计"按钮,则统计出字符串中的字母(不区分大小写)、数字和其他字符的个数,并显示在相应文本框中(如图 2-4-4 所示)。编程实现上述功能。

图 2-4-3　第 10 题结果

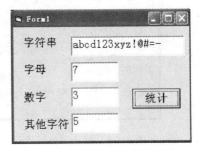

图 2-4-4　第 12 题运行界面

【提示】

利用循环从字符串的第一个字符循环到最后一个字符,依次判断每个字符的类别。

(13) 在窗体上建立一个标签,一个文本框,一个命令按钮。已知 Fibonacci 数列为 1,1,2,3,5,8,13,21……。编写程序,在文本框中输入要显示的项数,然后单击命令按钮,则在窗体上显示出 Fibonacci 数列,要求每行输出 5 个数,运行结果如图 2-4-5 所示。

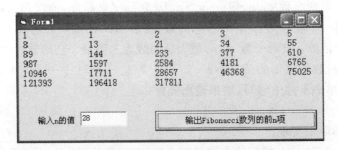

图 2-4-5　第 13 题运行界面

【提示】

该数列的规律是前两项均为1,从第三项开始每项都是前两项之和。

(14) 打印如图 2-4-6 所示的"九九表",在窗体的单击事件中编写。

```
Form1                                              _ □ ×
                        九九乘法表
*    1    2    3    4    5    6    7    8    9
1    1
2    2    4
3    3    6    9
4    4    8    12   16
5    5    10   15   20   25
6    6    12   18   24   30   36
7    7    14   21   28   35   42   49
8    8    16   24   32   40   48   56   64
9    9    18   27   36   45   54   63   72   81
```

图 2-4-6　第 14 题运行界面

(15) 在窗体上建立一个命令按钮,名称为 Command1,标题为"计算并输出",程序运行后,如果单击命令按钮,程序将计算 500 以内两个数之间(包括开头和结尾的数)所有连续数的和为 1250 的整数,并在窗体上显示出来。运行结果如图 2-4-7 所示。

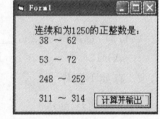

图 2-4-7　第 15 题运行界面

【提示】

编写单击窗体事件,在窗体上输出 100~200 之间的所有合数。求出所有数之和存入 SUM 中,所谓合数是指自然数中能被 1 和本数整除以外,还能被其他数整除的数。

利用双重循环:外层循环从 i = 1 To 500;内层循环从 j=i To 500,累加,当和等于 1250,则输出,并退出内层循环。

(16) 编写单击窗体事件,在窗体上输出 100~200 之间的所有合数。求出所有数之和存入 SUM 中,所谓合数是指自然数中能被 1 和本数整除以外,还能被其他数整除的数。

【提示】

利用双重循环:外层循环从 i = 100 To 200;内层循环从 j=2 To i/2,若 i mod j=0 则 I 就是合数,输出 i,并计算 SUM=SUM+i,退出内循环。

(17) 编写单击窗体事件,求 10~20 之间所有素数的乘积并输出在窗体上,将结果存入变量 L 中。

(18) 编写单击窗体事件,求出 500 以内最大的完全数。并存入变量 SUM 中。使用 for…next 语句完成程序。如果一个数的真因子之和等于这个数本身,则称这样的数为"完全数"。例如,整数 28 的真因子为 1、2、4、7、14,其和是 28。因此 28 是一个完全数。

【提示】

利用双重循环:外层循环从 i = 500 To 1 Step -1;内层循环从 j=2 To i/2,判断 I mod j=0,若为零,则计算 SUM=SUM+j,内循环结束后,判断 i=s,若相等,则输出 I,并结束循环,否则继续下次循环。

(19) 一个两位的正整数,如果将它的个位数字与十位数字对调,则产生另一个正整数,我们把后者叫做前者的对调数。现给定一个两位的正整数,请找到另一个两位的正整数,使得这两个两位正整数之和等于它们各自的对调数之和。例如 12+32=23+21。编写程序,把具有这种特征的一对两位正整数都找出来。

【提示】

这是一个双循环的问题,内外循环均由 $10\sim99$,分别求出内外循环变量的对调数,然后判断两个对调数之和与两个循环之和是否相等,若相等就是要找的数,否则进行下次的比较。

练习题 4

选择题

1. 有如下程序

```
A = 0
For J = 1 TO 20 Step 2
    A = A + J\5
Next J
Print A
```

运行后,输出结果是:_____。

　A) 12　　　　　　B) 16　　　　　　C) 40　　　　　　D) 100

2. 有如下程序:

```
A = "123458764"
D = Left(A, 1)
For I = 2 To Len(A)
  Z = Mid(A, I, 1)
   If Z > D Then D = Z
Next I
Print D
```

运行后,输出结果是:_____。

　A) 1　　　　　　B) 7　　　　　　C) 4　　　　　　D) 8

3. 下面程序段的执行结果是:_____。

```
I = 4: a = 5
Do
  I = I + 1: a = a + 2
Loop Until I >= 7
Print "I = "; I: Print "A = "; a
```

　A) I=4　　　　　B) I=7　　　　　C) I=8　　　　　D) I=7
　　 A=5　　　　　　 A=13　　　　　　 A=7　　　　　　 A=11

4. 有如下程序,运行后输出的结果是:_____。

```
j = 0 : n = 0
Do While n < 3
  j = (j + 1) * (j + 2) : n = n + 1
Loop
Print j;n
```

A) 0 1 B) 182 3 C) 30 4 D) 3 3

5. 下列程序段的结果为：_____。

```
x = 6
For k = 1 to 10 step - 2
  x = x + k
Next k
Print k;x
```

A) −1 6 B) −1 16 C) 1 6 D) 11 31

6. 若要退出 For 循环，可使用的语句为：_____。

A) Exit B) Exit Do C) Exit Sub D) Exit For

7. 执行下面的程序段后，变量 s 的值为：_____。

```
s = 5
for I = 2 to 4.9 step 0.6
  s = s + 1
next i
```

A) 10 B) 11 C) 9 D) 12

8. 在窗体上画一个名为 Command1 的命令按钮，一个名为 Label1 的标签然后编写如下事件过程，单击命令按钮，标签上显示_____。

```
Private Sub Command1_Click()
  s = 0
  For i = 1 to 15
    x = 2 * i - 1
    If x mod 3 = 0 Then s = s + 1
  Next i
  Label1.Caption = s
End Sub
```

A) 1 B) 5 C) 27 D) 45

9. 假定有循环结构：

```
Do Until 条件表达式
    循环体
Loop
```

则以下正确的描述是_____。

A) 如果"条件表达式"的值是 0，则一次循环体也不执行

B) 如果"条件表达式"的值不为 0，则至少执行一次循环体

C) 不论"条件表达式"的值是否为"真"，至少要执行一次循环体

D) 如果"条件表达式"的值恒为 0，则无限次执行循环体

10. 在窗体上画 1 个命令按钮，并编写如下事件过程：

```
Private Sub Command1_Click()
  For i = 5 to 1 step - 0.8
  Print Int(i);
```

```
    Next i
End Sub
```

运行程序,单击命令按钮,窗体上显示的内容为

A) 5 4 3 2 1 1　　　　　　　　　　　　B) 5 4 3 2 1

C) 4 3 2 1 1　　　　　　　　　　　　　D) 4 4 3 2 1 1

11. 循环结构 For I% = −1 to −17 Step −2 共执行_____次。

　　A) 5　　　　　　　B) 6　　　　　　　C) 8　　　　　　　D) 9

12. 由 For k=10 to 0 step 3:next k 循环语句控制的循环次数是_____。

　　A) 12　　　　　　　B) 0　　　　　　　C) −11　　　　　　　D) −10

13. 执行语句 For i=1 To 3:i=i+1:Next i 后,变量 i 的值是_____。

　　A) 3　　　　　　　B) 4　　　　　　　C) 5　　　　　　　D) 6

14. 以下正确的 For…Next 结构是_____。

A) For x = 5 Step 10　　　　　　B) For x=3 To −3 Step −3

　　…　　　　　　　　　　　　　　…

　Next x　　　　　　　　　　　　　Next x

C) For x=1 To 10　　　　　　　D) For x=3 To 10 Step 3

　start: …　　　　　　　　　　　　…

　Next x　　　　　　　　　　　　　Next m

　If i=10 Then GoTo start

15. 下列循环能正常结束循环的是_____。

A) i=5　　　　　　　　　　　　　C) i=10

　　Do　　　　　　　　　　　　　　Do

　　　i=i+1　　　　　　　　　　　　i=i+1

　　Loop Until i<0　　　　　　　　Loop Until i>0

B) i=1　　　　　　　　　　　　　D) i=6

　　Do　　　　　　　　　　　　　　Do

　　　i=i+2　　　　　　　　　　　　i=i−2

　　Loop Until i=10　　　　　　　　Loop Until i=1

16. 在窗体中添加两个文本框 Text1 和 Text2,一个命令按钮 Command1,编写如下事件过程:

```
Private Sub Command1_Click()
x = 0
Do While x < 10
x = (x − 2) * (x + 3)
n = n + 1
Loop
Text1.Text = Str(n) : Text2.Text = Str(x)
End Sub
```

程序运行后,单击命令按钮,在两个文本框中显示的值分别为_____。

　　A) 1 和 0　　　　　B) 3 和 50　　　　　C) 2 和 24　　　　　D) 4 和 68

17. 执行下面的程序段后,x 的值为_____。

```
x = 5
For i = 1 To 20 Step 2
    x = x + i\5
Next i
```

    A) 21   B) 22   C) 23   D) 24

18. 以下程序段的输出结果是_____。

```
x = 1
y = 4
Do Until y > 4
    x = x * y
Y = y + 1
Loop
   Print x
```

    A) 1   B) 4   C) 8   D) 20

19. 为计算 $1+2+2^2+2^3+2^4+\cdots+2^{10}$ 的值,并把结果显示在文本框 Text1 中,若编写如下事件过程:

```
Private Sub Command1_Click()
    Dim a%,s%,k%
    s = 1
    a = 2
    For k = 2 To 10
        a = a * 2
        s = s + a
    Next k
    Text1.Text = s
End Sub
```

执行此事件过程后发现结果是错误的,为能够得到正确结果,应做的修改是_____。

    A) 把 s=1 改为 s=0

    B) 把 For k=2 To 10 改为 For k=1 To 10

    C) 交换语句 s=s+a 和 a=a*2 的顺序

    D) 同时进行 B)、C) 两种修改

20. 在窗体上建立一个命令按钮,然后编写如下事件过程:

```
Private Sub Command1_Click()
    Dim i, Num
    Randomize
    Do
        For i = 1 To 1000
            Num = Int(Rnd * 100)
            Print Num;
            Select Case Num
                Case 12
```

```
                Exit For
            Case 58
                Exit Do
            Case 65, 68, 92
                    End
            End Select
        Next i
    Loop
    End Sub
```

上述事件过程执行后,下列描述中正确的是:＿＿＿＿＿。

A) Do 循环执行的次数为 1000 次

B) 在 For 循环中产生的随机数小于或等于 100

C) 当所产生的随机数为 12 时结束所有循环

D) 当所产生的随机数为 65、68 或 92 时窗体关闭,程序结束

填空题

1. 在 Visual Basic 语言中有 3 种形式的循环结构。其中,若循环的次数可以事先确定,可使用＿＿＿＿循环;若要求先判断循环进行的条件,可使用＿＿＿＿循环或＿＿＿＿循环。

2. 下面是体操评分程序,20 位评委,除去一个最高分和一个最低分,计算平均分(设满分为 10 分),请填空。

```
Max = 0 : Min = 10
For i = 1 to 20
  N = val(inputbox("请输入分数"))
  If _____ then max = n
  If _____ then min = n
  s = s + n
Next i
s = _____
P = s/18
Print "最高分";max; "最低分";min
Print "最后得分";p
```

3. 以下程序用于输出 3 到 100 之间的全部素数。

```
Private sub command1_click()
For n = 3 to 100
  K = int(sqr(n))
  I = 2
  Flag = 0
  Do while _____ and flag = 0
    If n mod i = 0 then flag = 1 else i = i + 1
  Loop
  If _____ then
    Print _____
  End if
Next n
End sub
```

4. 有程序段：

```
s = 0
for i = 1 to 20 step 2
  s = s + i
next i
```

将其改写为 do …while 语句，完成该程序：

```
s = 0
_____
do while i < = 20
  s = s + i
  _____
loop
```

5. 在窗体上有一个命令按钮、一个文本框和一个标签，在命令按钮的单击事件过程中编写下列程序，请在下划线处添上正确内容。本题的功能是在文本框中输入一篇英文短文，统计短文中的单词数并在标签中显示，假设每个单词中不包含英文字母以外的其他符号。

```
Private Sub Command1_Click()
    x = _____
    n = Len(x)
    _____
    For i = 1 To n
      y = UCase(Mid(x, i, 1))
      If y > = "A" And y < = "Z" Then
        If p = 0 Then m = m + 1: p = p + 1
      Else
        p = 0
      End If
    Next
    label1.Caption = _____
End Sub
```

6. 本程序的功能是利用随机函数模拟投币，方法是：每次随机产生一个 0 或 1 的整数，相当于一次投币，1 代表正面，0 代表反面。在窗体上有三个文本框，名称分别是 Text1、Text2、Text3，分别用于显示用户输入投币总数、出现正面的次数和出现反面的次数，程序运行后，在文本框 Text1 中输入次数，然后单击"开始"按钮，按照输入的次数模拟投币，分别统计出正面、反面的次数，并显示结果。以下是实现上述功能的程序，请填空。

```
Private Sub Command1_Click()
  Randomize
  n = CInt(Text1.Text)
  n1 = 0
  n2 = 0
  For i = 1 To _____
    r = Int(Rnd * 2)
    If r = _____ Then
      n1 = n1 + 1
```

```
    Else
        n2 = n2 + 1
    End If
    Text2.Text = n1
    Text3.Text = n2
End Sub
```

7. 在窗体上建立一个命令按钮,其名称为 Command1,然后编写如下事件过程:

```
Private Sub Command1_Click()
    a$ = "Nation Computer Rank Examination"
    n = Len(a$)
    s = 0
    For i = 1 To n
        b$ = Mid(a$, i, 1)
        If b$ = "n" Then
            s = s + 1
        End If
    Next i
    Print s
End Sub
```

程序运行后,单击命令按钮,输出结果是_____。

8. 设有如下程序:

```
Private Sub Form_Click()
    Cls
    a$ = "ABCDFG"
    For i = 1 To 6
        Print Tab(12 - i); _____
    Next i
End Sub
```

程序运行后,单击窗体,结果如图 2-4-8 所示,请填空。

9. 执行以下程序段,输出结果为_____。

```
a = "abbacddcba"
For i = 6 To 2 Step -1
    x = Mid(a, i, i)
    y = Left(a, i)
    z = Right(a, i)
    z = UCase(x & y & z)
Next i
Print z
```

图 2-4-8　运行结果

10. 执行下列程序段后,x 的值为_____。

```
 Dim x As Integer, i As Integer
 x = 0
For i = 20 To 1 Step -2
    x = x + i \ 5
Next i
```

11. 功能：以下程序用于判断一个正整数(≥3)是否为素数。

```
Private Sub Form_Click()
n = InputBox("请输入一个正整数(大于等于3)")
k = Int(Sqr(n))
i = 2
swit = 0
Do While i <= k And _____
  If _____ Then
    swit = 1
  Else
    _____
  End If
Loop
If swit = 0 Then
  Print n; "是一个素数"
Else
  Print n; "不是素数"
End If
End Sub
```

12. 从键盘输入学生分数，统计学生总人数和各分数段人数，即优秀(90~100)、良好(80~89)、中等(70~79)、及格(60~69)、不及格(60 以下)的人数。

```
Private Sub Form_Click()
  Dim score%, n1%, n2%, n3%, n4%, n5%
  msg = "请输入分数(-1 结束)"
  msgtitile = "输入数据"
  score = Val(InputBox(msg, msgtitile))
  While _____
    total = total + 1
    Select Case _____
      Case Is >= 90
        n1 = n1 + 1
      Case Is >= 80
        n2 = n2 + 1
      Case Is >= 70
        n3 = n3 + 1
      Case Is >= 60
        n4 = n4 + 1
      Case Else
        n5 = n5 + 1
    _____
    score = Val(InputBox(msg, msgtitile))
  Wend
  Print n1, n2, n3, n4, n5,total
End Sub
```

13. 以下程序段用于实现：输入两个正整数 m 和 n，求其最大公因数和最小公倍数。

```
Private Sub Form_Click()
```

```
    Dim a %, b %, num1 %, num2 %, temp
    num1 = InputBox("请输入一个正整数")
    num2 = InputBox("请输入一个正整数")
    If _____ Then
        temp = num1: num1 = num2: num2 = temp
    End If
    a = num1
    b = num2
    Do While _____
        temp = a Mod b
        a = b
        _____
    Loop
    Print "最大公因数为: "; a
    Print "最小公倍数为: "; num1 * num2 / a
End Sub
```

14. 从键盘上输入一串字符,以"?"结束,统计输入字符中的大、小写字母和数字的个数。

```
Private Sub Form_Click()
    Dim ch $, n1 %, n2 %, n3 %
    n1 = 0: n2 = 0: n3 = 0
    ch = InputBox("请输入一个字符")
    Do While _____
        Select Case ch
            Case "a" To "z"
                n1 = n1 + 1
            Case _____
                n2 = n2 + 1
            Case "0" To "9"
                n3 = n3 + 1
        End Select
        ch = InputBox("请输入一个字符")
    _____
    Print n1, n2, n3
End Sub
```

15. 功能:下面的程序段用于打印出以下图形

```
   *
  ***
 *****
*******
 *****
  ***
   *
```

```
Private Sub Form_Click()
Dim i %, j %, k %
```

```
For i = 0 To 3
  For j = 0 To 2 - i
     Print " ";
  Next j
  For k = 1 To _____
     Print "*";
     Next k
  Print
Next i
For i = 0 To 2
  For j = 0 To i
     _____
  Next j
  For k = 0 To 4 - 2 * i
     Print "*";
  Next k
     _____
Next i
End Sub
```

16. 功能：单击窗体打印如图 2-4-9 所示的图形。

图　2-4-9

```
Private Sub Form_Click()
    Dim i As Integer, j As Integer
    Dim star As String
    _____ = "*"
    For i = 0 To 6
      For j = _____ To 6
          Form1.Print star _____
     Next j
     Form1.Print
    Next i
End Sub
```

17. 功能：该程序通过 For 循环计算一个表达式的值,这个表达式是

$$1/2 + 2/3 + 3/4 + 4/5$$

```
  Private Sub Command1_Click()
    Dim _____ As Double, x As Double
    Dim n As Long
    Dim i As Integer
    sum = _____
    n = 0
    For i = 1 To 5
      x = n / i
      n = n + 1
      sum = _____
    Next
    Form1.Print sum
End Sub
```

改错题

1. 题目：以下程序段用于输出 100～300 的所有素数。

```vb
Option Explicit
Private Sub Form_Click()
    Dim n As Integer, k As Integer, i As Integer, swit As Integer
    For n = 101 To 300 Step 2
     k = Int(Sqr(n))
     i = 2
     '********** FOUND **********
     swit = 1
     '********** FOUND **********
     While swit = 0
      If n Mod i = 0 Then
        swit = 1
      Else
     '********** FOUND **********
        i = i - 1
      End If
     Wend
    If swit = 0 Then
      Print n;
    End If
    Next n
    End Sub
```

2. 题目：下面程序可输出如下图形：

```
    *
   ***
  *****
 *******
*********
```

```vb
Option Explicit
Private Sub Form_Click()
Dim m As Integer, n As Integer, s As String, i As Integer, j As Integer
n = 4
m = 1
s = "*"
For i = 5 To 1 Step -1
    '********** FOUND **********
    Print Spc(n)
    For j = 1 To 2 * m - 1
        Print s;
    Next j
    Print
    '********** FOUND **********
    n = n + 1
    '********** FOUND **********
```

```
    m = m - 1
  Next i
End Sub
```

3. 题目：以下程序段用于计算 5 的 N 次方。

```
Option Explicit
Private Sub Form_Click()
  Dim n As Integer, k As Integer, s As Long
  n = InputBox(" Input n ")
  '********** FOUND **********
  k = 0
  '********** FOUND **********
  s = 0
  Do While k <= n
    s = s * 5
    k = k + 1
  '********** FOUND **********
  Next
  Print "5 的"; "n 次方是"; s
End Sub
```

4. 题目：输出 40 以内能够被 3 整除的数，要求输出结果为 5 个数一行。

```
Option Explicit
Private Sub Form_Click()
  Cls
  Dim x As Integer
  Dim i As Integer
  '********** FOUND **********
  i = 1
  For x = 1 To 40
    If (x / 3) = (x \ 3) Then
    '********** FOUND **********
        Print x
        i = i + 1
    End If
    If i Mod 5 = 0 Then
        Print
    End If
  '********** FOUND **********
  step i
End Sub
```

5. 题目：该程序的功能是求出 100～200 之间的全部素数，并且按每行 4 个、每个数据之间有 10 个空格的格式输出。

```
Option Explicit
Private Sub Form_Click()
  Dim k As Integer, i As Integer, j As Integer
  k = 0
  For i = 100 To 200
```

```
'********** FOUND **********
    For j = 1 To i - 1
      If i Mod j = 0 Then Exit For
    Next j
    If j = i Then
'********** FOUND **********
        Print i; Tab(10);
        k = k + 1
'********** FOUND **********
        If k Mod 5 = 0 Then Print ;
    End If
  Next i
End Sub
```

实验 5　数组程序设计(一)

实验目的

(1) 掌握数组的定义、赋值和输入输出的方法。

(2) 掌握与数组有关的算法(特别是排序算法)。

(3) 掌握二维数组的具体使用。

实验内容

(1) 输出 20 个(随机产生)存放在整数数组中的所有偶数,运行界面如图 2-5-1 所示。

【提示】

① 随机产生整数数据,利用 Rnd 函数产生随机数,Int 函数取整。

② 用循环控制产生 20 个整数数据,每个数据存放在数组中,循环变量控制数组下标,注意数组在使用之前要进行定义。

③ 循环判断每个数组元素是否能够被 2 整除,如果可以,打印输出;否则判断下一个。

(2) 将随机产生的 10 个整数存入数组中,将其数逆序存放并输出,运行界面如图 2-5-2 所示。

图 2-5-1　第 1 题运行界面　　　　图 2-5-2　第 2 题运行界面

【提示】

① 随机产生整数数据,利用 Rnd 函数产生随机数,Int 函数取整。

② 用循环控制产生 10 个整数数据,每个数据存放在数组中,循环变量控制数组下标,并将数据直接打印出来。注意数组在使用之前要进行定义。

③ 实现两个数组元素的交换,要求引入一个第三方变量,来临时存放交换的数据(例如:t=a(1),a(1)=a(2),a(2)=t)。

④ 用循环控制将数组的所有元素进行交换,注意循环控制的终止值是数组个数的一半,交换完成后,将数组重新打印输出。

(3) 由键盘输入 15 个数,输出其中的最大数和最小数及平均值。运行结果如图 2-5-3 所示。

【提示】

① 循环控制使用 InputBox 函数输入 15 个数据,并将每个数据存放在数组中。

② 定义 3 个变量来分别存放最大值,最小值以及平均值,令最大值和最小值的初始值为数组中的第一个数据值。

③ 循环控制对每个数组元素进行判断,是否大于当前的最大值,符合条件的则将数组元素赋值给最大值变量,直到循环结束;最小值同理。而平均值,可以将所有元素累加求和,最后用累加和除以 15 得到平均值。

(4) 由键盘输入 10 个大小无序排列的整数,用起泡法递减排序输出。运行界面如图 2-5-4 所示。

图 2-5-3　第 3 题运行界面

图 2-5-4　第 4 题运行界面

【提示】

① 起泡排序法,需要利用双重循环。外重循环控制循环次数(数据个数-1 次),内重循环控制,每次排出当次的最大数。

② 内重循环中,判断相邻两个数据的大小关系,如果当前数据大于下一个数据,则两个数据进行交换;否则,进行下一次比较。

(5) 求一已知 4×4 矩阵的主对角线上各元素的和。运行界面如图 2-5-5 所示。

【提示】

① 矩阵要使用二维数组 a(4,4)来存放,其中第一维表示行,

图 2-5-5　第 5 题运行界面

第二维表示列。

② 利用双重循环来分别控制行和列,随机产生数据,其中在每行生成结束后,要用 print 来换行,接着生成下一行数据,在生成数据的同时可以进行打印输出。

③ 对二维矩阵中的每个数据进行判断,如果数组元素的行列坐标相等,则说明该元素为主对角线元素,将数据累加求和。

(6) 打印如图 2-5-6 所示的"数字金字塔"。

【提示】

① 观察图形,由变量 i 控制打印的行数,将图形的每行分为两个部分,每行前半部分控制到和行数相等的数据,后一部分从(行数-1)控制到 1。

② 其中,每行的初始打印位置前面的都有空格控制格式输出,而且根据行数的增长而依次缩小,因此要求在每行输出前先要用 spc 函数来控制空格的输出。

③ 每行输出结束后要求用 print 来分隔下一行的输出。

(7) 打印杨辉三角形的前 10 行,运行界面如图 2-5-7 所示。

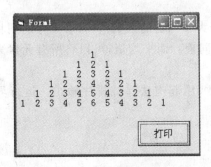

图 2-5-6　第 6 题运行界面

图 2-5-7　第 7 题运行界面

【提示】

① 观察图形,用一个二维数组来存储元素。

② 每一行的第一个元素和最后一个元素都是 1,因此在编写程序时,要对数据位置进行判断,如果列数为 1 或者行数和列数相等的时候,该位置的元素为 1。

③ 其他位置的元素等于左上边元素(行号-1,列号-1)和头顶元素之和(行号-1,列号相同)。

(8) 在窗体上画两个名称为 P1 和 P2 的图片框,两个名称为 Command1,Command2、标题为"生成矩阵"和"输入数据"的命令按钮。运行程序后,单击"生成矩阵"命令按钮,在 P1 中产生一个 4×4 的矩阵,矩阵数据为[1,10]之间的随机整数。再单击"输入数据"按钮时,手动输入一个数据,要求在矩阵中查找这个数据,如果存在,则在 P2 中打印出来数据所在的行和列,如果不存在,则提示信息,运行界面如图 2-5-8 所示。

【提示】

① 在 Command1 的单击事件中,随机生成一个二维数组,并打印出来。

② 在 Command2 的单击事件中,对矩阵中的每个数据进行判断,如果和输入的数据相等,则将行号和列号打印出来即可。

③ 在两个按钮的单击事件中都要使用数组,因此数组的定义应该在通用位置。

④ 定义一个标志变量,用于判断是否找到数据。如果找到了数据,将这个标志变量可以设为 1;相反,则标志变量的值为 0。等到循环全部结束后,对标志标量进行判断,如果为 0 则做出信息提示。

(9) 输入 n 个学生的姓名以及成绩,并计算出平均分和最高分。在窗体上有两个名称为 C1 和 C2 的命令按钮,标题分别为"输入"和"计算平均分和最高分"。程序运行后,单击"输入"按钮,则弹出一个输入对话框,用于输入学生的人数,确定后,则弹出对话框用于输入 n 个学生的姓名和成绩,单击"计算平均分和最高分"按钮则在窗体上打印出来所有学生的平均分,以及最高分和学生的姓名。运行界面如图 2-5-9 所示。

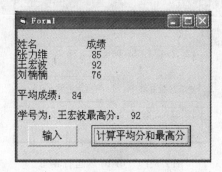

图 2-5-8　第 8 题运行界面　　　　　图 2-5-9　第 9 题运行界面

【提示】

① 由于学生的个数不确定,因此要求使用动态数组来进行编程。

② 单击"输入"按钮时,使用 Inputbox 函数来得到学生人数和成绩数据,存放于动态数组中,要注意使用 Val 函数对 InputBox 函数进行类型转换,转换为 int 类型(后面的求和计算需要数据类型为 int),输入完毕后在窗体上打印。

③ 单击"计算平均分和最高分"按钮,定义一个变量存放当前最大值,循环判断数组中的数据是否比变量值大,并输出最大值,同时做数据累加求和。

④ 因为在两个按钮的单击事件中,都要使用输入数据这个变量,要求存放输入数据的变量,在通用处进行变量声明。

(10) 在一个有序的数组中插入一个数,使得数组仍旧有序。3 个文本框的名称分别为 Text1、Text2、Text3,初始内容为空,两个命令按钮,名称为 Command1,Command2,标题分别为"生成数组并排序"和"插入元素"。程序运行时,单击 Command1 按钮,在 Text1 中生成无序数组,并且在 Text2 中排序输出,单击 Command2 按钮,弹出对话框,输入一个数据,确定后,在 Text3 中重新输出排序好的数组,运行界面如图 2-5-10 所示。

【提示】

① 利用循环产生一个随机数组,并且显示在 Text1 中。因为要动态插入一个数据,因此采用动态数组进行定义。

② 利用排序算法对刚生成的数组进行排序,再将排好序的数组赋值给 Text2 的 Text 属性,进行显示。

③ 在原来基础上,重新定义数组元素个数(原来个数+1)。单击 Command2,利用 InputBox 函数来产生插入数据。由于两个命令按钮都要使用该数组,在定义的时候需要在

通用处进行定义。

④ 利用循环对原来已排序的数组数据进行判断,如果其中的数据大于插入数据,要求利用从新数组中的最后一位开始到当前位置结束,将所有的数据依次后移一位(a(j+1)＝a(j)),最后将插入数据赋值给当前空出来的数组元素,并最后打印新数组即可。

(11) 在窗体上画一个文本框,一个图形框,和一个命令按钮,在文本框中输入一串字符,当单击"统计"按钮时,统计各字母出现的次数,并在图形框中输出,如图 2-5-11 所示。注:计算时不区分大小写字母。

图 2-5-10   第 10 题运行界面   图 2-5-11   第 11 题运行界面

【提示】

① 将每个字母出现的次数存储在一个长度为 26 的数组中,第一个元素对应"A"的出现次数,以此类推。

② 循环控制从第一个字符到文本结束(文本长度),对 Text1 中的每个字符进行判断,利用 mid 函数截取每个字符,并且统一进行大写转换。

③ 判断如果字符属于 26 个英文字母范围,则找到相应的数组位置(A 的 ASCII 码为 65,存储个数的数组为 a(1),以此类推,每个元素所在的位置都是 ASCII 码-65+1),将其中的个数(数组中的元素)累加 1。

④ 将数组中的元素打印出来,其中要求显示字母名称,对应的数组中的下标+64 可以表示该字母的 ASCII 码,利用 Chr 函数,也已将字母进行显示。再将数组中的对应元素进行输出,就可以将对应的字母以及出现的次数依次显示。

练习题 5

选择题

1. 用下列语句定义数组的元素个数是_____。

```
Dim A( - 3 to 5) as Integer
```

A) 9   B) 8   C) 7   D) 6

2. 下面的数组声明语句中正确的是_____。

A) Dim gg[1,5] As String   B) Dim gg[1 To 5,1 To 5] As String
C) Dim gg(1 To 5) As String   D) Dim gg[1 :5,1: 5] As String

3. 以下_____是 Visual Basic 合法的数组元素。

    A) X9   B) X[9]

    C) X(I+1)   D) X(X(5))

    E) X[6]   F) X(0)

4. 在窗体上画一个命令按钮,其 name 属性为 command1,然后编写如下代码:

```
option base 1
private sub command1_click()
  dim a(4,4)
  for i = 1 to 4
    for j = 1 to 4
      a(i,j) = (i - 1) * 3 + j
    next j
  next i
  for i = 3 to 4
    for j = 3 to 4
      print a(j,i)
    next j
    print
  next i
end sub
```

程序运行后,单击命令按钮,其输出结果为_____。

    A) 6 9   B) 7 10   C) 8 11   D) 9 12

           7 10   8 11   9 12   10 13

5. 以下程序段的输出结果为_____。

```
Dim 1, a(10) , p(3)
 k = 5
For i = 0 To 10
  a(i) = i
Next i
For i = 0 To 2
  p(i) = a(i * (i + 1) )
 Next i
For i = 0 To 2
  k = k + p(i) * 2
Next i
Print k
```

    A) 20   B) 21   C) 56   D) 32

6. 有如下程序:

```
dim a(3,3) as integer
for m = 1 to 3
  for n = 1 to 3
    a(m,n) = (m - 1) * 3 + n
  next n
next m
```

```
for m = 2 to 3
  for n = 1 to 2
    print a(n,m);
  next n
next m
```

打印结果为 _____。

A) 2 5 3 6   B) 2 3 5 6   C) 4 7 5 8   D) 4 5 7 8

7. 下列程序的执行结果是_____。

```
dim m(10)
for i = 0 to 10
  m(i) = 2 * i
next i
print m(m(3))
```

A) 12   B) 6   C) 0   D) 4

8. 在窗体上画一个名称为 Text1 的文本框和一个名称为 Command1 的命令按钮,然后编写如下事件过程:

```
Private Sub Command1_Click()
  Dim array1(10,10) As Integer
  Dim i As Integer, j As Integer
  For i = 1 To 3
    For j = 2 To 4
      array1(i,j) = i + j
    Next j
  Next i
  Text1.Text = array1(2,3) + array1(3,4)
End Sub
```

程序运行后,单击命令按钮,在文本框中显示的值是_____。

A) 15   B) 14   C) 13   D) 12

9. 运行下面的程序后,输出的结果为_____。

```
Cls
Dim t(5, 5) as Integer
For i = 1 To 5: t(i, i) = 1: Next
For i = 1 To 5
  For j = 1 To 5
    Print t(i, j),
  Next j
  Print
Next i
```

A) 1 1 1 1 1   B) 1   C) 1 0 0 0 0   D) 1 1 1 1 1

     1 1 1 1 1   1   0 1 0 0 0

     1 1 1 1 1   1   0 0 1 0 0

     1 1 1 1 1   1   0 0 0 1 0

     1 1 1 1 1   1   0 0 0 0 1

10. 设执行以下程序段时依次输入 2,4,6,执行结果为_____。

```
Dim a(4) As Integer
Dim b(4) As Integer
For k = 0 To 2
  a(k + 1) = Val(InputBox( "Enter data:") )
  b(3 - k) = a(k + 1)
 Next k
 Print b(k)
```

   A) 2　　　　　　　B) 4　　　　　　　C) 6　　　　　　　D) 0

填空题

1. 设有数组声明语句：

```
option base 1
dim a(2, -1 to 1)
```

以上语句所定义的数组 A 为_____维数组,共有_____个元素,第一维下标从_____到_____,第二维下标从_____到_____。

2. 定义动态数组需要分两步进行,首选在模块级或程序级定义一个没有下标的数组,然后在_____使用_____语句定义数组的实际元素个数。

3. 以下程序代码将整型动态数组 X 声明为具有 20 个元素的数组,并给数组的所有元素赋值 1。

```
Dim x() as integer
Private sub command1_click()
  Redim _____
  For i = 1 to 20
    X(i) = 1 : print x(i)
  Next i
End sub
```

4. 以下程序代码使用二维数组 A 表示矩阵,实现单击命令按钮 command1 时使矩阵的两条对角线上的元素值全为 1,其余元素值全为 0。

```
Private sub command1_click()
Dim a(4,4)
For i = 1 to 4
  For j = 1 to 4
    A _____ = 0
  Next j
    A _____ = 1
    A _____ = 1
  Next i
For i = 1 to 4
  For j = 1 to 4
    print a(i,j);
```

```
      Next j
      Print
   Next i
End sub
```

5. 下列程序的运行结果为_____。

```
Dim a( - 1 To 6)
For i = LBound(a, 1) To UBound(a, 1)
     a(i) = i
 Next i
 Print a(LBound(a, 1) ); a(UBound(a, 1) )
```

6. 本程序用于实现：从键盘接收一数字，判断其是否在数组中，如果在数组中则将其删除，否则显示该数字不在数组中。

```
Private Sub Form_Click()
Dim a(10) As Integer, x As Integer
For i = 1 To 10
  a(i) = Int(Rnd * 90) + 10
  Print a(i);
Next i
Print
x = InputBox("请输入要删除的整数")
For i = 1 To 10
   If a(i) = x Then _____
Next i
If _____ Then
  For k = i To 9

      _____
  Next k
  Print "删除后的数组:"
  For i = 1 To 9
    Print a(i);
  Next i
Else
   Print "该数字不在数组中"
End If
End Sub
```

改错题

1. 下面的程序段用于删除数组中指定位置的数字，如果位置错误给出提示，否则分别显示删除前后的数组元素。

```
Option Explicit
Private Sub Form_Click()
    Dim a(10) As Integer, x As Integer, i As Integer, k As Integer
    For i = 1 To 10
       a(i) = Int(Rnd * 90) + 10
```

```
      Print a(i);
    Next i
    Print
    x = InputBox("请输入要删除第几位数字")
    If x > 0 And x <= 10 Then
    ' ********** FOUND **********
      For k = x To 10
         ' ********** FOUND **********
           a(k) = a(k - 1)
      Next k
      Print "删除后的数组:"
      For i = 1 To 9
         Print a(i);
      Next i
    Else
      Print "删除位置错误"
      ' ********** FOUND **********
    End
End Sub
```

2. 以下程序用于建立一个 3 行 3 列的矩阵,使其两条对角线上数字为 1,其余位置为 0。

```
Option Explicit
Private Sub Form_Click()
Dim x(3, 3), n As Integer, m As Integer
    For n = 1 To 3
      For m = 1 To 3
      ' ********** FOUND **********
         If n = m Then x(n, m) = 1 Else x(n, m) = 0
      ' ********** FOUND **********
    Next n, m
    For n = 1 To 3
      For m = 1 To 3
         ' ********** FOUND **********
           Print x(m, n)
      Next m
      Print
    Next n
End Sub
```

3. 下面的程序用"冒泡"法完成数组 a 中的 10 个整数按升序排列,请修正程序中错误。

```
Option Explicit
Private Sub Command1_Click()
    Dim a
```

```
        Dim i As Integer, j As Integer, a1 As Integer
        a = Array( - 2, 5, 24, 58, 43, - 10, 87, 75, 27, 83)
        For i = 1 To 9
            ' ********** FOUND **********
            For j = i To 9
                ' ********** FOUND **********
                If a(j) > = a(i) Then
                    a1 = a(i)
                    a(i) = a(j)
                    ' ********** FOUND **********
                    a(j) = a(i)
                End If
            Next j
        Next i
        For i = 0 To 9
            Print a(i)
        Next i
    End Sub
```

实验 6   数组程序设计(二)

实验目的

(1) 掌握控件数组的使用。

(2) 掌握 Array 函数的使用方法。

(3) 掌握列表框、组合框的属性、方法和事件。

实验内容

(1) 在窗体上有两个名称为 C1 和 C2 的命令按钮,标题分别为"输入成绩并输出"和"输出高于平均分的学生"。程序运行后,单击"输入成绩并输出"按钮,则将 4 个同学的数据使用 Array 函数输入到数组中,并在窗体上将数据输出如图 2-6-1 所示。当单击"输出高于平均分的学生"按钮,则统计出平均分并输出成绩高于平均分的学生信息,运行界面如图 2-6-2 所示。

【提示】

① 在通用处对存放学号,姓名和成绩数组进行定义。

② 单击"输入成绩并输出"按钮,利用 array 函数分别对学号,姓名,成绩数组进行元素的输入,利用循环将所有元素打印输出。

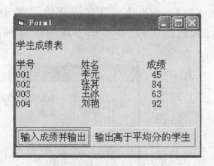

图 2-6-1　第 1 题设计界面

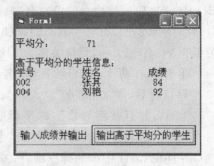

图 2-6-2　第 1 题运行界面

③ 单击"输出高于平均分的学生"按钮,对成绩数组进行求平均值的计算,最后用循环控制,判断其中大于平均值的元素,将所有信息进行打印输出即可。

(2) 利用随机函数随机产生两个两位数的 4×4 矩阵。分别放在矩阵 A(Picture1)和矩阵 B(Picture2)中,要求:

① 将两个矩阵相加,结果放入矩阵 C(Picture3)中。

② 将矩阵 A 转置。

③ 显示矩阵 A 主对角线及其以下元素,显示矩阵 B 主对角线及其以上元素。

④ 求矩阵 A 两条对角线元素之和。

⑤ 将矩阵 A 按列的顺序把各元素放入一维数组 D 中,运行界面如图 2-6-3 所示。

【提示】

① 在多个按钮的单击事件中要用到矩阵 A 和矩阵 B,因此在通用处定义两个 4×4 矩阵。

② 单击"矩阵 AB"按钮,在 Picture1 和 Picture2 中用双重循环中产生矩阵,并打印输出。

③ 单击"A+B"按钮,利用循环控制在 A,B 两个矩阵中对应位置(两个矩阵中行列分别相等)的元素相加,结果作为第三个矩阵对应位置的元素,在 Picture3 中打印输出。

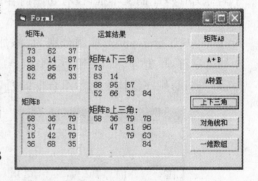

图 2-6-3　第 2 题运行界面

④ 单击"A 转置"按钮,利用循环将 A 矩阵的行列互换(A 中某元素的行号作为 C 中某元素的列号,相反 A 中的某元素的列号作为 C 中某元素的行号),在 Picture3 中打印输出。

⑤ 单击"上下三角"按钮,"上三角"是指 B 矩阵中从第 1 行到第 4 行,每行取 i 个(i=行号)元素;"下三角"是指 A 矩阵中从第 1 行到第 4 行,每行取 5-i 个(i=行号)元素,用循环控制在 Picture3 中进行打印输出。

⑥ 单击"对角线和"按钮,矩阵分为"主对角线"和"辅对角线",要求对矩阵中的元素进行判断,其中"主对角线"元素是行号和列号相等;"辅对角线"元素是行号和列号相加等于 5。在满足条件的情况下,将元素进行相加求和。

⑦ 单击"一维数组"按钮,相当于将矩阵 A 中的元素从第 1 列开始到最后一列,将每个元素都存储在一个一维数组中,关键在于将矩阵元素与数组的存放位置对应,例如第一行中

元素 d(1)＝a(1,1),d(2)＝a(2,1),d(3)＝a(3,1),d(4)＝a(4,1),第二行开始元素 d(5)＝
a(1,2),d(6)＝a(2,2),d(7)＝a(3,2),d(8)＝a(4,2),以此类推,则数组下标与矩阵行、列之
间的关系为 k＝(i－1) * j,元素关系为 d(k)＝a(j,i)。

（3）在窗体有两个 List 列表框,名称分别为 List1、
List2。程序运行后,添加"北京"、"天津"、"大连"、"上海"、
"广州"到 List1,并且按照城市名称字母顺序升序排列,当
选中一个城市后,再单击"确定"按钮,将把项目添加到
List2 中,并且在 List1 中删除掉原项目;如果双击 List2,则
把项目添加到 List1 中,并且在 List2 中删除掉原项目,并且
要求城市的顺序不发生变化,运行结果如图 2-6-4 所示。

图 2-6-4　第 3 题运行界面

【提示】

① 设定列表框的 Sorted 属性确定列表框的项目顺序按照字母的升序进行排列。

② 在窗体的装载事件中,利用列表框的 AddItem 方法来添加城市名称。

③ 按钮的单击事件和 List2 的双击事件中,先用 AddItem 方法将项目添加到相应的列
表框中,再使用 RemoveItem 方法将项目在原来的列表框中删除(AddItem 后面是项目内
容,而 RemoveItem 后面是项目号)。

（4）在名称为 Form1 的窗体上画一个名称为 Label1,标题为"添加项目:"的标签,画一
个名称为 Text1 的文本框,没有初始内容;画一个名称为 Combo1 的下拉式组合框,并通过
属性窗口输入若干项目(不少于 3 个,内容任意);再画两个命令按钮,名称分别为
Command1,Command2,标题分别为"添加"和"统计",如图 2-6-5 所示。运行时,向 Text1
中输入字符,单击"添加"按钮后,则 Text1 的内容作为一个列表项被添加到组合框中;单击
"统计"按钮,则在窗体上显示组合框的列表项的个数,如图 2-6-6 所示。

图 2-6-5　第 4 题添加项目前界面

图 2-6-6　第 4 题添加项目并统计界面

【提示】

① 下拉式组合框,是对组合框的 Style 属性进行设定。

② 在"添加"操作中,要先判断文本框中是否有内容,然后利用组合框的 AddItem 方法
将文本框中的内容添加到 Combo1 中。

③ 在"统计"操作中,利用 listcount 属性来确定 Combo1 中的项目个数,并且打印在窗
体上即可。

（5）在名称为 Form1 的窗体上有一个名称为 Text1 的文本框和名称为 Command1 标
题为"确定"的命令按钮,一个名称为 List1 的列表框和两个名称分别为 Option1 和

Option2、标题分别为"添加"和"删除"的按钮,如图 2-6-7 所示,程序运行后,如果选择 Option1 选项并在文本框中输入一个字符串,然后单击"确定"按钮,则把文本框中的字符串添加到列表框中,并清除文本框,如果选择列表框中的一项和 Option2 选项,并单击"确定"按钮,则删除列表框中选择的内容,如果在文本框中未输入字符或未选择列表框中的一项,单击"确定"按钮,将显示一个信息框"未输入或未选择项目",运行结果如图 2-6-8 所示。

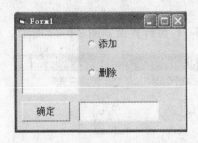

图 2-6-7　第 5 题添加内容前界面

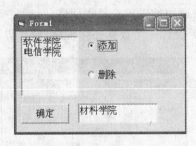

图 2-6-8　第 5 题添加内容后界面

【提示】

① 通过对单选按钮的 Value 属性进行判断,先确定一下操作类型。

② 在"添加"操作中,要先判断文本框中是否有内容,然后利用列表框的 AddItem 方法将文本框中的内容添加到 List1 列表框中。

③ 在"删除"操作中,也要先利用列表框的来判断一下是否有被选中的项目(可以使用 listIndex 属性),然后用 RemoveItem 的方法将选中的项目删除掉(注意 RemoveItem 方法后面要使用选中项目的项目号)。

(6) 在窗体上画一个文本框,名称为 Text1,还有一个下拉式组合框,名称为 Combo1,利用属性窗口添加"3,5,7"三项内容,再画两个命令按钮,名称分别为 C1,C2,标题分别为"输入数据"和"统计求和",如图 2-6-9 所示。程序运行时,单击"输入数据"按钮,弹出输入对话框,要求在其中输入一个小于 5000 的数据,再在组合框中选择一个项目数据,单击"统计求和"按钮,则在文本框中显示累加从 1 到输入的数据中能被项目数据整除的和(例如,输入数据为 100,选择的项目数据为 5,则在文本框中显示从 1 到 100 中能被 5 整除的所有数据之和),运行界面如图 2-6-10 所示。

图 2-6-9　第 6 题设计界面

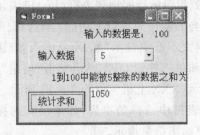

图 2-6-10　第 6 题运行界面

【提示】

① 下拉式组合框,是对组合框的 Style 属性进行设定。

② 单击"输入数据"按钮时,使用 Inputbox 函数来得到数据,要注意使用 val 函数对

InputBox 函数进行类型转换,转换为 Int 类型(后面的求和计算需要数据类型为 Int)。

③ 单击"统计求和"按钮,要求先利用 Combo1 的 listIndex 属性判断出是否选择出项目数据,再利用循环控制从 1 到输入数据中,接着对每一项进行判断是否可以被项目数据整除(I mod 项目数据),如果可以整除,则将该数据累加到求和变量中。

④ 因为在两个按钮的单击事件中,都要使用输入数据这个变量,要求存放输入数据的变量,在通用处进行变量声明。

(7) 设计一个数据迁移程序,设计界面如图 2-6-11,运行界面如图 2-6-12 所示。要求:

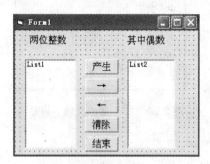
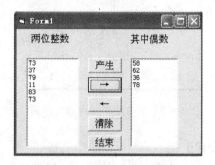

图 2-6-11　第 7 题设计界面　　　　　图 2-6-12　第 7 题运行界面

① 单击"产生"按钮,随机产生 10 个两位正整数,并添加到左边的列表框中(List1)。

② 单击"→"按钮,或双击 List1,将 List1 的所有偶数迁移到 List2 中。

③ 单击"←"按钮,或双击 List2,将 List2 的数据再移回到 List1 中。

④ 单击"清除"按钮,清除 List1 和 List2 中的所有项目。

【提示】

① 使用 Int(Rnd * (b−a+1)+a) 随机产生两位正整数,其中,Rnd 是产生随机数函数,Int 是取整函数 b=99,a=10。

② 单击 Command2 时,循环判断 List1 中是否存在偶数(因为需要将符合要求的数据添加到 List2 中,而 List1 中的数据位置会发生变化,因此建议使用 Do While 循环控制)。

③ 用控制结构来判断每个数据(List1.List(i))是否被 2 整除,若能整除,则将该数据添加到 List2 中。

(8) 程序运行时向列表框(List1)添加 4 个项目:Visual Basic,Turbo C,C++,Java;请编写适当的程序完成以下功能:当选择列表框中的一项和单选按钮 OP1,然后单击"确定"按钮,则文本框中显示"XXX 笔试";当选择列表框中的一项和单选按钮 OP2,然后单击"确定"按钮,则文本框中显示"XXX 上机",如图 2-6-13 所示。其中"XXX"是在列表框中选择的项目,如果没有选择考试科目和类型,要给出信息提示。

【提示】

① 在程序运行时添加项目,需要在窗体的 load 事件中,使用列表框的 AddItem 方法将列表元素添加到 List1 中。

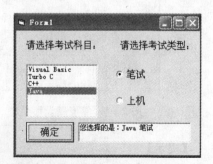

图 2-6-13　第 8 题运行界面

②判断单选按钮的选择情况,再用列表框的 text 属性确定选择的科目,将信息在文本框中显示。

③可以根据列表框的 listIndex 属性来判定,是否存在选择项(如果存在,则 listIndex 有值存在,相反如果没有的话 listIndex 值为－1)。

练习题 6

选择题

1. 以下说法不正确的是_____。

　　A) 使用 ReDim 语句可以改变数组的维数

　　B) 使用 ReDim 语句可以改变数组的类型

　　C) 使用 ReDim 语句可以改变数组每一维的大小

　　D) 使用 ReDim 语句可以对数组的中的所有元素进行初始化

2. 在窗体上画 3 个单选按钮,组成一个名 chkoption 的控件数组,用于标识各个控件数组元素的参数是_____。

　　A) Tag　　　　　　B) Index　　　　　　C) ListIndex　　　　　D) Name

3. 在窗体上画一个命令按钮,名称为 command1,然后编写如下事件过程_____。

```
option base 0
private sub command1_click()
  dim city as variant
  city = array("北京","上海","天津","重庆")
  print city(1)
end sub
```

程序运行后,如果单击命令按钮,则在窗体上显示的内容是_____。

　　A) 空白　　　　　　B) 错误提示　　　　C) 北京　　　　　　D) 上海

4. 执行以下语句过程,在窗体上显示的内容是_____。

```
Option Base 0
Private Sub Command3_Click()
Dim d
d = Array("a", "b", "c", "d")
Print d(1); d(3)
End Sub
```

　　A) ab　　　　　　　B) bd　　　　　　　C) ac　　　　　　　D) 出错

5. 设用复制、粘贴的方法建立了一个命令按钮数组 Command1,以下对该数组的说法错误的是_____。

　　A) 命令按钮的所有 Caption 属性都是 Command1

　　B) 在代码中访问任意一个命令按钮只需使用名称 Command1

　　C) 命令按钮的大小都相同

　　D) 命令按钮共享相同的事件过程

6. 设有数组定义语句:Dim a(5) As Integer,List1 为列表框控件。下列给数组元素赋值的语句错误的是_____。

A) a(3)＝3

B) a(3)＝inputbox("input data")

C) a(3)＝List1.ListIndex

D) a＝Array(1,2,3,4,5,6)

7. 下列程序的输出结果是_____。

```
dim a
a = array(1,2,3,4,5,6,7,8)
i = 0
for k = 100 to 90 step - 2
  s = a(i)^2
  if a(i)> 3 then exit for
  i = i + 1
next k
print k;a(i);s
```

A) 88　6　36　　B) 88　1　2　　C) 90　2　4　　D) 94　4　16

8. 在窗体上用复制、粘贴的方法建立一个命令按钮数组,数组名为 M1,设窗体 Form1 标题为"myform1",双击控件数组中的第三个按钮,打开代码编辑器,输入如下代码:

```
private sub M1_click(index as integer)
   form1.caption = "No3"
end sub
```

运行时,单击按钮数组中的第一个按钮,窗体标题为_____。

A) No3　　　　　B) M1　　　　　C) myform1　　　　D) Form1

9. 下列程序段的执行结果为_____。

```
Dim t(10)
For k = 2 To 10
t(k) = 11 - k
Next k
x = 6
Print t(2 + t(x))
```

A) 2　　　　　B) 3　　　　　C) 4　　　　　D) 5

10. 在窗体上画 4 个文本框并用这 4 个文本框建立一个控件数组,名称为 Text1(下标从 0 开始,自左至右顺序增大),然后编写如下事件过程:

```
Private Sub Command1_Click()
    Dim i%
    For Each TextBox In Text1
      Text1(i) = i
      i = i + 1
    Next
End Sub
```

程序运行后,单击命令按钮,4 个文本框中显示的内容分别为_____。

A) 0 1 2 3　　　　B) 1 2 3 4　　　　C) 0 1 3 2　　　　D) 出错信息

11. 在窗体中添加一个命令按钮,然后编写如下代码:

```
Private Sub Command1_Click()
    ReDim this(4)
    For i = 1 To 4
        this(i) = i * 3
    Next
    ReDim this(6)
    For i = 1 To 6
        this(i) = this(i) + i
    Next
    Print this(3);this(6)
End Sub
```

程序运行后,则窗体上显示的内容为_____。

    A) 3 6   B) 10 6   C) 12 6   D) 8 0

12. 将数据项"China"添加到列表框(List1)中成为第一项应使用的语句为_____。

    A) List1. AddItem "China",0   B) List1. AddItem "China",1

    C) List1. AddItem 0,"China"   D) List1. List(ListCount-1)

13. 引用列表框(List1)最后一个数据项应使用_____。

    A) List1. List(List1. ListCount)   B) List1. List(List1. ListCount-1)

    C) List1. List(ListCount)   D) List1. List(ListCount-1)

14. 如果列表框(List1)中没有被选定的项目,则执行 List1. RemoveItem List1. ListIndex 语句的结果是_____。

    A) 移去第一项   B) 移去最后一项

    C) 移去最后加入列表的一项   D) 以上都不对

填空题

1. 请填写下列空白,以实现运行后形成一个主对角线上元素值为 1,其他元素为 0 的 6×6 阶矩阵。

```
Private Sub Command1_Click()
    Dim s(6, 6)
    For i = 1 To 6
        For j = 1 To 6
            If i = j Then
                _____
            Else
                _____
            End If
            Print _____
        Next j
        Print
    Next i
End Sub
```

2. 在窗体上画一个按钮,然后再复制 5 个,形成名称为 Command1~Command6 的 6 个控件数组,删除其中 index=4 的 1 个,执行下列程序输出结果依次为:_____、_____、_____。

```
private sub command1_click(index as integer)
    print command1.count
    print command1.lbound
    print command1.ubound
end sub
```

3. 在窗体上画一个命令按钮(其 Name 属性为 Command1),然后编写如下代码:

```
Option Base 1
Private Sub Command1_Click()
    Dim a
    s = 0  : a = Array(1,2,3,4)  :   j = 1
    For i = 4 To 1 Step - 1
      s = s + a(i)  * j  : j = j * 10
    Next i
    Print s
End Sub
```

运行上面的程序,单击命令按钮,其输出结果是_____。

4. 下面是用简单选择法将 5 个整数按升序排列,请将程序补充完整。

```
Dim m
m = Array(10, 1, 5, 6, 7)
For i = 0 To 3
    For j = _____
    If m(i) > = m(j) Then
        _____
      m(i) = m(j)
      m(j) = t
    End If
  Next j
_____
For i = 0 To 4
  Print m(i)
Next i
```

5. 下面的程序的作用是利用随机函数产生 10 个 100～300(不包含 300) 之间的随机整数,打印其中 7 的倍数的数,并求它们的总和,请填空。

```
Randomize
Dim s As Double,a(10) As Integer
For i = 0 To 9
    _____
Next
For i = 0 To 9
    If _____ Then
      Print a(i) :   s = s + a(i)
    _____
  Next i
  Print
Print "S = "; s
```

6. 下面的程序段,用于实现在一个 nXm 的矩阵中,找出值最大的元素所在的行和列,并输出其值及行号和列号。

```
Private Sub Form_Click()
  Dim mat() As Integer
  Dim n as integer, m As Integer
  n = Val(InputBox("请输入矩阵的行数"))
  m = Val(InputBox("请输入矩阵的列数"))

  _____
  For i = 1 To n
    For j = 1 To m
    mat(i, j) = InputBox("请输入数组元素值")
    mat(i, j) = Val(mat(i, j))
    Next j
  Next i
  Print "所建立的矩阵为"
  For i = 1 To n
    For j = 1 To m
    Print mat(i, j);
    Next j
    Print
  Next i
  Max = mat(1, 1)
  For i = 1 To n
    For j = 1 To m
    If _____ Then
        Max = mat(i, j)
        col = j
        _____
      End If
    Next j
  Next i
  Print
  Print "矩阵最大的元素的值为: "; mat(row, col)
  Print "它所在的行号为: "; row; "列号为: "; col
End Sub
```

7. 以下程序段用于实现矩阵转置,将一个 n×m 的矩阵的行和列互换。

```
Private Sub Form_Click()
    Const n = 3
    Const m = 4
    Dim a(n, m), b(m, m) As Integer
    For I = 1 To n
      For j = 1 To m
        a(I, j) = Int(Rnd * 90) + 10
      Next j

    _____
    For I = 1 To n
```

```
      For j = 1 To m
            _____
         Next j
      Next I
      Print "矩阵转置前"
      For I = 1 To n
         For j = 1 To m
            Print a(I, j);
         Next j

            _____
      Next I
      Print "矩阵转置后"
      For I = 1 To m
         For j = 1 To n
            Print b(I, j);
         Next j
         Print
      Next I
End Sub
```

8. 下面的程序段用于实现以下功能：利用冒泡法将一组整数从小到大排序。

```
Private Sub Form_Click()
      Const n = 15
      Dim a(1 To n) As Integer, work As Boolean
      Dim i As Integer, j As Integer, x As Integer
      Randomize
      For i = 1 To n
         a(i) = Int(90 * Rnd) + 10
      Next i
      For i = 1 To n
         Print a(i);
      Next i
      Print
      For i = n To 2 _____
         work = True
         For j = 1 To i - 1
            If a(j) > a(j + 1) Then
               x = a(j): a(j) = a(j + 1): a(j + 1) = x

                  _____
            End If
         Next j
         If work Then _____
      Next i
      For i = 1 To n
         Print a(i);
      Next i
End Sub
```

9. 下面的程序实现：从键盘输入一个数字，将其插入一个有序数组中，插入后的数组仍保持有序。

```
Private Sub Form_Click()
    Dim a(10) As Integer, x As Integer
    For i = 1 To 8
      a(i) = 2 * i - 1
      Print a(i);
    Next i
    Print
    x = InputBox("请输入要插入的整数")
    _____
    i = 8
    Do While a(i) > x
      _____
      i = i - 1
    Loop
    If i > 0 Then _____
    For i = 1 To 9
      Print a(i);
    Next i
End Sub
```

实验 7　过程程序设计

实验目的

（1）掌握函数过程的定义和调用方法。
（2）掌握子过程的定义和调用方法。
（3）掌握函数实参与形参的对应关系。
（4）了解递归算法。

实验内容

（1）编写一个判断素数的函数过程。要求在主调函数中使用 InputBox 函数输入一个整数，调用该函数过程进行判断。运行界面如图 2-7-1 所示。

【提示】

在函数过程中实现素数的判定。素数是只能被 1 和本身整除的数，2 以上的所有偶数均不是素数。其测试条件是：对于任意数 m，用 $2\sim\sqrt{m}$ 之间的所有数去除，当余数不为零时，m 即为素数。

（2）编写一个子过程，使得该过程能够进行奇偶数的判断。通过键盘输入一个整数，调用该过程判断它的奇偶性。运行界面如图 2-7-2 所示。

图 2-7-1　第 1 题运行界面　　　　　图 2-7-2　第 2 题运行界面

【提示】

在子过程中实现奇偶性的判定。根据一个数是否能够被 2 整除判断其奇偶性,能够整除是偶数,否则是奇数。

(3) 编写一个子过程,该子过程能够实现向数组尾部添加元素。运行界面如图 2-7-3 所示。

【提示】

在子过程中完成插入操作,注意数组作为实参和形参的表达形式。

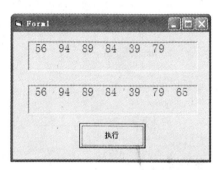

图 2-7-3　第 3 题运行界面

(4) 求表达式 $n!/(m!(n-m)!)$ 的值,要求 $n!$、$m!$ 和 $(n-m)!$ 的值由函数过程求出。运行界面如图 2-7-4 所示。

【提示】

在函数过程中实现阶乘计算,注意在题干的表达式中 n 值应该大于 m 值。

(5) 大圆的半径是 10cm,从上面剪下半径分别是 3cm 和 5cm 的小圆,求大圆剩下的面积。要求使用函数过程求圆的面积。运行界面如图 2-7-5 所示。

图 2-7-4　第 4 题运行界面　　　　　图 2-7-5　第 5 题运行界面

【提示】

在函数过程中计算圆的面积;当程序开始运行时,在 Label1 中显示运行界面中显示的内容,Label2 不显示任何内容;当单击剩余面积命令按钮时,Label2 中显示剩余面积的值。

(6) 编写判断一个数是否能同时被 17 和 37 整除的函数过程,若满足条件则函数值为 True,否则为 False。调用函数过程,输出 500～1500 之间所有符合该特点的数。运行界面如图 2-7-6 所示。

【提示】

在过程中判断一个数 m 是否能够同时被 17 和 37 整除的表达式是：

m Mod 17 ＝ 0 And m Mod 37 ＝ 0

（7）编写一个函数过程求两个数中的最大数。调用该函数过程，求随机生成的 10 个 1～100 之间的数中的最大值。运行界面如图 2-7-7 所示。

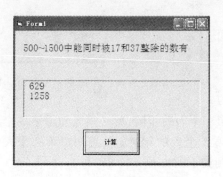

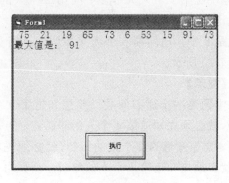

图 2-7-6　第 6 题运行界面　　　　图 2-7-7　第 7 题运行界面

【提示】

在函数过程中完成最大值的判断；要生成 a～b 之间的数，使用公式 Int(Rnd(b－a＋1)＋a)，如果希望每次生成的随机数都不相同时，使用 Randomize 语句。

（8）编写一个程序，生成若干个互不相同的 1～100 之间的随机整数。要求每产生一个随机数判断其与已有的数是否相同，该判断由子过程实现。运行界面如图 2-7-8 所示。

【提示】

由于互不相同的随机整数的个数不定，所以程序中使用动态数组；每产生一个随机数判断其与已有的数是否相同，若相同则放弃。

（9）编写一个函数过程，实现一个十进制正整数 m 转换成二至十六任意进制字符串。运行界面如图 2-7-9 所示。

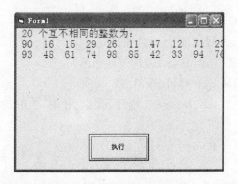

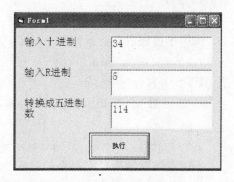

图 2-7-8　第 8 题运行界面　　　　图 2-7-9　第 9 题运行界面

【提示】

① 一个十进制正整数 m 转换成 r 进制数的方法是将 m 不断除 r 取余数，直到商为零，然后以反序得到结果。

② Label3 中的内容根据输入的进制不同,而有所不同。

(10)"求年龄":有 5 个人坐在一起,问第 5 个人多少岁,他说比第 4 个人大 2 岁;问第 4 个人的岁数,他说比第 3 个人大 2 岁;问第 3 个人的岁数,他说比第 2 个人大 2 岁;问第 2 个人的岁数,他说比第 1 个人大 2 岁;最后问第 1 个人多少岁,他说是 8 岁。请问第 5 个人多少岁? 运行界面如图 2-7-10 所示。

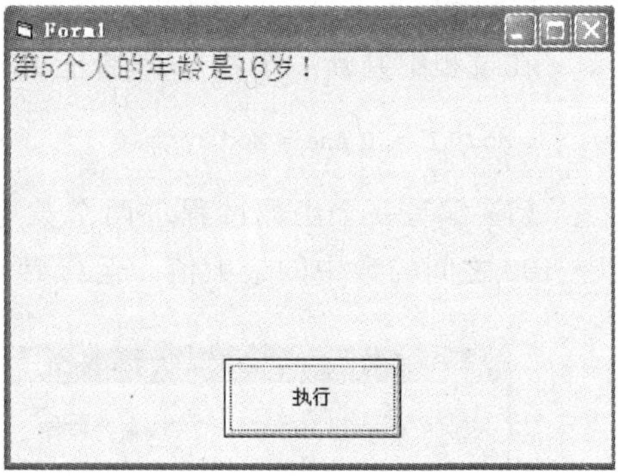

图 2-7-10　第 10 题运行界面

【提示】

本题是一个递归问题。要想知道第 5 个人的年龄,就必须先知道第 4 个人的年龄;要想知道第 4 个人的年龄,就必须先知道第 3 个人的年龄;要想知道第 3 个人的年龄,就必须先知道第 2 个人的年龄;要想知道第 2 个人的年龄,就必须先知道第 1 个人的年龄。所以可以得到如下的方程:

$$Age(n) = \begin{cases} 8, & n = 1 \\ Age(n-1) + 2, & n > 2 \end{cases}$$

当 n>1 时,求第 n 个人年龄的公式相同;递归结束的条件是 n=1。可以用一个函数过程来描述上述的递归过程。

练习题 7

选择题

1. 在过程定义中使用＿＿＿＿表示形参的传值。

　　A) Var　　　　　　　B) ByDef　　　　　C) ByVal　　　　　D) Value

2. 若已编写了一个 Sort 子过程,在该工程中有多个窗体,为了方便地调用 Sort 子过程,应将该过程放在＿＿＿＿中。

　　A) 窗体模块　　　　B) 标准模块　　　C) 类模块　　　　D) 工程

3. 调用子过程后若要返回两个结果,下面子过程说明语句合法的是＿＿＿＿。

　　A) Sub f1(ByVal n％,ByVal m％)　　　B) Sub f1(n％,ByVal m％)

　　C) Sub f1(n％,m％)　　　　　　　　　D) Sub f1(ByVal n％,m％)

4. 已知函数定义 Function f(x1％,x2％) As Integer,则下面调用语句正确的是:＿＿＿＿。

　　A) a＝f(x,y)　　　B) call f(x,y)　　　C) f(x,y)　　　　D) f x y

5. 不能脱离对象而独立存在的过程是＿＿＿＿。

　　A) 事件过程　　　　B) 通用过程　　　C) 子过程　　　　D) 函数过程

6. Sub 过程与 Function 过程最根本的区别是＿＿＿＿。

　　A) Sub 过程可以用 Call 语句直接调用,而 Function 过程不能

　　B) Function 过程可以有形参,而 Sub 过程不可以

　　C) Sub 过程不能返回值,而 Function 过程可以返回值

D）两种过程的传递方式不同

7. 在以下事件过程中,Private 表示_____。

```
Private Sub lblAbc_Change()
   ...
End Sub
```

A）此过程可以被任何其他过程调用

B）此过程只可以被本窗体模块中的其他过程调用

C）此过程不可以被任何其他过程调用

D）此过程只可以被本工程中的其他过程调用

8. 下面的过程定义语句合法的是:_____。

A）Sub Proc1(ByVal n())　　　　B）Sub Proc1(n) As Integer

C）Function Proc1(Proc1)　　　　D）Function Proc1(ByVal n)

9. 若用数组名作为函数调用的实参,传递给形参的是:_____。

A）数组第一个元素的地址　　　　B）数组第一个元素的值

C）数组全部元素的值　　　　　　D）传递方式是值传递

10. 以下关于函数过程的叙述中,正确的是:_____。

A）函数过程形参的类型与函数返回值的类型没有关系

B）在函数过程中,通过过程名返回值可以有多个

C）当数组作为函数过程的参数时,既以传值方式传递,也能以传址方式传递

D）如果不指明函数过程参数的类型,则该参数没有数据类型

填空题

1. 在模块文件中的声明部分,用 Global 或_____关键字声明的变量为全局变量。

2. 参数传递有_____和_____两种方式。

3. 在窗体上画一个命令按钮,其名称为 Command1,然后编写如下程序。程序运行后,单击命令按钮,输出结果为_____。

```
Function m(x As Integer, y As Integer) As Integer
  m = Iif(x > y, x, y)
End Function
Private Sub Command1_Click()
  Dim a As Integer, b As Integer
  a = 100: b = 200
  Print m(a, b)
End Sub
```

4. 下列程序代码在单击命令按钮时的输出结果是_____。

```
Sub SS(ByVal X, ByRef Y, Z)
  X = X + 1
  Y = Y + 1
  Z = Z + 1
End Sub
Private Sub Command1_Click()
  a = 1: b = 2: c = 3
```

```
  Call SS(a, b, c)
  Print a, b, c
End Sub
```

5. 下列程序运行后显示的结果是_____。

```
Public Sub f(n As Integer, ByVal m As Integer)
  n = n \ 10
  m = n Mod 10
End Sub
Private Sub Command1_Click()
  Dim x As Integer, y As Integer
  x = 12: y = 34
  Call f(x, y)
  Print x; y
End Sub
```

6. 在窗体上画一个名称为 Command1 的命令按钮,然后编写如下程序。程序运行时,3 次单击命令按钮 Command1 后,窗体上显示的结果为_____。

```
Private Sub Command1_Click()
  Static X As Integer
  Static Y As Integer
  Cls
  Y = 1
  Y = Y + 5
  X = 5 + X
  Print X, Y
End Sub
```

7. 单击窗体执行以下程序,窗体第一行的输出结果为_____,第二行的输出结果为_____。

```
Option Explicit
Private x As Integer: Private y As Integer
Private Sub Form_Click()
  x = 1: y = 1
  test
  Print x; y
End Sub
Sub test()
  Dim y As Integer
  Print x; y
  x = 2: y = 2
End Sub
```

8. 执行下列程序,窗体显示内容第一行是_____,第二行是_____。

```
Sub test(x As Integer, y As Integer, z As Integer)
  Print "子程序", x, y, z
  x = 2: y = 4: z = 9
End Sub
```

```
Private Sub Form_Click()
  Dim a As Integer, b As Integer
  a = 8: b = 3
  Call test(6, a, b + 1)
  Print "主程序", 6, a, b
End Sub
```

9. 运行下列程序,当在 InputBox 框中输入的是"123456"时,输出的结果是_____。

```
Private Sub p(x As Long, y As Long)
  Dim n As Integer, j As String * 1, s As String
  k = Len(Trim(Str(x)))
  s = ""
  For i = 1 To k
    j = Mid(x, i, 1)
    s = j + s
  Next
  y = Val(s)
End Sub
Private Sub Form_Click()
  Dim a As Long, b As Long
  a = InputBox("请输入若干个整数")
  Call p(a, b)
  Print b
End Sub
```

10. 单击窗体时,下列程序代码的执行结果是_____。

```
Private Sub test()
  Static a As Integer
  a = a * 2 + 1
  If a < 6 Then
    Call test
  End If
  a = a * 2 + 1
  Print a;
End Sub
Private Sub Form_Click()
  test
End
```

实验 8 用户界面程序设计(一)

实验目的

(1) 掌握图片框和图像框以及形状控件的常用属性、基本事件和方法。
(2) 掌握滚动条控件的常用属性、基本事件和方法。
(3) 掌握时钟控件的常用属性、基本事件和方法。

实验内容

(1) 在名称为 Form1 的窗体上画一个名称为 Shape1 的形状控件,画一个名称为 L1 的列表框,并在属性窗口中设置列表项的值为 1、2、3、4、5。将窗体的标题设为"图形控件"。单击列表框中的某一项,则按照所选的值改变形状控件的形状。例如,选择 3,则形状控件被设为圆形,如图 2-8-1 所示。

(2) 在名称为 Form1 的窗体上画名称为 Command1、Command2 的命令按钮(Caption属性分别设置为"开始"和"停止"),一个图片框 Picture1,一个水平滚动条 HScroll1 和一个时钟控件 Timer1。如果单击"开始"按钮,则图片自左向右移动,同时滚动条的滑块随之移动,每 0.5s 移动一次。当图片完全移出窗体的右边界时,立即再从窗体的左边界开始重新移动,若单击"停止"按钮,则图片停止移动,如图 2-8-2 所示。

图 2-8-1   第 1 题运行界面

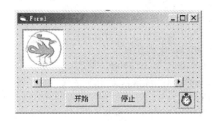

图 2-8-2   第 2 题运行界面

(3) 在窗体上画两个图片框,名称分别为 P1、P2,高度均为 1900,宽度均为 1800,通过属性窗口把图片文件 Pic1 放入 P1 中,通过代码把图片 Pic2 放入 P2 中,要求图片框的大小符合图片大小,再画两个命令按钮,名称分别为 C1、C2,标题为"交换图片"和"清除图片",如图 2-8-3(a)所示。运行程序时,如果单击"交换图片"命令按钮,则交换两个图片框中的图片,如图 2-8-3(b)所示;如果单击"清除图片"按钮,则清除图片框中的图片。

(a) 设计界面

(b) 运行界面

图 2-8-3   第 3 题图

【提示】

① 装载图片的方法是使用 Loadpicture("图片路径")为图片框的 Picture 属性进行设定,若是清除图片则是将 Loadpicture 方法中的参数设为空。

② 要进行图片交换,则应该另外增加一个图片框来临时存放交换的图片,注意因为在

运行时不需要看见该图片框,设计时应该将其 Visible 属性设置为 False。

(4) 在名称为 Form1 的窗体上画一个图像框(名称为 Image1)、一个水平滚动条(名称为 Scroll1)和一个命令按钮(名称为 Command1,标题为"设置属性"),通过属性窗口在图像框装入一图片,图像框的高度与图片的高度相同,图像框的宽度任意,如图 2-8-4(a)所示。编写适当的事件过程,程序运行后,图像框中显示全部的图像,如果单击命令按钮,则设置水平滚动条的如下属性:Min:100;Max:3000;LargeChange:100;SmallChange:10。

通过移动滚动条上的滚动块来放大或缩小图片框。运行后窗体如图 2-8-4(b)所示。

(a) 设计界面　　　　　　　　　　　(b) 运行界面

图 2-8-4　第 4 题图

【提示】

① 在命令按钮的单击事件中,设定 Scroll1 的各个属性值。

② 在 Scroll1 的 Change 事件中,改变 Value 属性的值,并且为 Image1 的 Width 属性设置值。

(5) 在窗体(Form1)上有两个命令按钮 C1、C2,一个标签 L1,一个计时器控件 Timer1,如图 2-8-5(a)所示。程序运行后在命令按钮 C1 中显示"开始",在命令按钮 C2 中显示"停止",在标签中用字体大小为 16 的粗体显示"热烈欢迎"(标签的 AutoSize 属性为 true),同时标签自左至右移动,每个时间间隔标签移动 20twips(缇)(时间间隔为 1s),移动出窗体右边界后,自动从左边界开始向右移动,单击"停止"按钮,则该按钮变为禁用,"开始"按钮变为有效,同时标题变为"继续",且标签停止移动,如图 2-8-5(b)所示,再次单击"继续"按钮,标签继续移动。

(a) 设计界面　　　　　　　　　　　(b) 运行界面

图 2-8-5　第 5 题图

【提示】

① 注意控件的名称属性的设定。要在窗体的 Load 事件中设定所有控件的基本属性(包括标签的字体格式要求和初始位置 Left 属性,时钟控件的时间间隔,命令按钮的 Caption 属性等)。

② 在按钮的单击事件中,根据题目要求,对按钮的 Caption 属性,以及是否可用(Enabled)属性,还有在不同事件中,时钟控件是否可用(Enabled 属性)进行设定。

③ 在时钟控件的 Timer 事件中,对 Lable 的移动进行控制,先对位置做出判断,看是否已经移出窗体(Lable 的左边界是否大于 Form 的宽度)。如果满足条件,则使 Lable 的左边界值每个时间间隔都增加 20。

(6) 在窗体 Form1 上画一个名称为 List1 的列表框(项目内容随意,不少于 3 个),一个文本框 Text1,还有一个时钟控件,如图 2-8-6 所示。程序运行时,每隔 1s,在文本框中依次出现 List1 中的项目内容。

【提示】

① 可以通过属性窗口对 List1 和 Timer 的基本属性(Interval)进行设定。

② 每秒钟都要在文本框中显示 List1 的项目内容,因此可以设定一个变量来标识当前的项目位置,由于每次调用 Timer 事件的时候,项目位置都要改变,因此要求变量定义为 Static 类型。

③ 判断项目位置满足要求时,通过 List1 的 List(i)来为 Text1 的 Text 属性进行设定,然后变量要求加 1;当位置不满足要求时,位置变为初始位置(i=0)。

(7) 在名称为 Form1 的窗体上画出如图 2-8-7 所示的三角形。图中同时给出了直线 Line1、Line2 的坐标值,请按此表画直线 Line1、Line2 和 Line3,从而组成如图 2-8-7 所示的三角形。

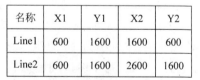

名称	X1	Y1	X2	Y2
Line1	600	1600	1600	600
Line2	600	1600	2600	1600

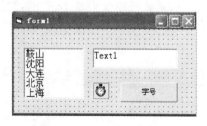

图 2-8-6　第 6 题设计界面

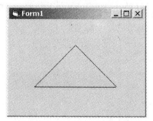

图 2-8-7　第 7 题运行界面

练习题 8

选择题

1. 下列关于图片框控件的说法中,错误的是_____。

　　A) 可以通过 Print 方法在图片框中输出文本

B) 清空图片框控件中的图形的方法之一是加载一个空的图形

C) 图片框控件加载图片可以通过属性窗口和 LoadPicture 两种方式

D) 用 Stretch 属性可以自动调整图片框中图形的大小

2. Cls 可清除窗体或图片框中的内容为_____。

　A) Picture 属性设置的背景图案

　B) 在设计时放置的控件

　C) 程序运行时产生的图形和文字

　D) 以上 A)～C)全部

3. 如果想在图片框上输出文字,则_____。

　A) 只能使用图片编辑软件加入要输出的文字

　B) 可以使用 Print 方法在图片框上输出文字

　C) 不可以直接在图片框上输出文字

　D) 以上说法都不对

4. 下列关于 PictureBox 控件与 Image 控件的说法不正确的是_____。

　A) PictureBox 可以作为控件容器,因而比 Image 占用系统资源多

　B) Image 能自动调整大小以适应载入的图片

　C) PictureBox 除具有 Image 的所有特性外,还能作为容器

　D) PictureBox 能使图片自动调整大小以适应自身的大小

5. 时钟控件的时间间隔是_____。

　A) 以毫秒计　　　 B) 以分钟计　　　 C) 以秒计　　　　 D) 以小时计

6. 程序运行时单击水平滚动条右边的箭头_____,滚动条的 Value 属性。

　A) 增加一个 SmallChange 量　　　 B) 减少一个 SmallChange 量

　C) 增加一个 LargeChange 量　　　 D) 减少一个 LargeChange 量

7. 若窗体上的图片框中有一个命令按钮,则此按钮的 Left 属性是指

　A) 按钮左端到窗体左端的距离　　　 B) 按钮左端到图片框左端的距离

　C) 按钮中心点到窗体左端的距离　　　 D) 按钮中心点到图片框左端的距离

8. 形状控件的 Shape 属性有 6 种取值,分别代表 6 种几何图形。下列不属于这 6 种几何图形的是_____。

A)　　　　　　　　 B)　　　　　　 C)　　　　　　 D)

9. 设窗体上有一个图片框 Picture1,要在程序运行期间装入当前文件夹下的图形文件 File1.jpg,能实现此功能的语句是_____。

　A) Picture1. Picture = "File1. jpg"

　B) Picture1. Picture = LoadPicture("File1. jpg")

　C) LoadPicture("File1. jpg")

　D) Call LoadPicture("File1. jpg")

填空题

1. 在窗体上画一个标签(名称为 Label1)和一个计时器(名称为 Timer1),然后编写如下几个事件过程:

```
Private Sub Form_Load()
    Timer1.Enabled = False
    Timer1.Interval = _____
End Sub
Private Sub Form_Click()
    Timer1.Enabled = _____
End Sub
Private Sub Timer1_Timer()
    Label1.Caption = _____
End Sub
```

程序运行后,单击窗体,将在标签中显示当前时间,每隔 1s 变换一次,如图 2-8-8 所示。请填空。

图 2-8-8　填空题 1 的运行结果

2. 为了在运行时把 C:\Windows 目录下的图形文件 Picfile.jpg 装入图片框 Picture1,所使用的语句为_____。

3. 使用 Move 方法把图片框 Picture1 的左上角移动到距窗体顶部 100twip,距窗体左边框 200twip,同时图片框高度和宽度都缩小 50%,具体形式为_____。

4. 执行_____语句,可以清除 Picture1 图片框内的图片。

5. 当用户单击滚动条的空白处时,滑快移动的增量值由_____属性决定。

6. 如果要每隔 15s 产生一个计时器事件,则 Interval 属性应设置为_____。

7. 如果想要暂时关闭计时器,应该把计时器的_____属性设置为 False。

实验 9　用户界面程序设计(二)

实验目的

(1) 了解通用对话框的属性及方法。

(2) 掌握通用对话框的使用。

(3) 掌握各种菜单的设计方法。

(4) 掌握简单的多重窗体程序的定义与调用。

实验内容

(1) 在 Form1 的窗体上画一个名称为 P1 的图片框,然后设计一个主菜单,标题为"操作",名称为 Op,该菜单有两个子菜单,其标题分别为"显示"和"清除",名称分别为 Dis 和 Clea,编写适当的事件过程。程序运行后,如果选择"操作"菜单中的"显示"命令,则在图片框中显示"等级考试";如果选择"清除"命令,则清除图片框中的信息。程序的运行情况如

图 2-9-1 所示。

（2）请在名称为 Form1 的窗体上建立一个二级下拉菜单，第 1 级共有 2 个菜单项，标题分别为"文件"、"编辑"，名称分别为 File、Edit；在"编辑"菜单下有第 2 级菜单，含有 3 个菜单项，标题分别为"剪切"、"复制"、"粘贴"，名称分别为 Cut、Copy、Paste。其中"粘贴"菜单项设置为无效（如图 2-9-2 所示）。

（3）在名称为 Form1 的窗体上画一个名称为 Command1、标题为"打开"的命令按钮，然后画一个名称为 CD1 的通用对话框（如图 2-9-3 所示），编写适当的事件过程，使得运行程序时，单击"打开"按钮，则弹出打开文件对话框。在属性窗口中设置通用对话框的适当属性，使得对话框中显示的文件类型第 1 项为"所有文件"，第 2 项为"＊.doc"，默认的过滤器为.doc 文件。

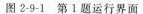

图 2-9-1　第 1 题运行界面　　　图 2-9-2　第 2 题运行界面　　　图 2-9-3　第 3 题设计界面

（4）设计一个窗体，其中包含 1 个图像框、1 个文本框和 4 个命令按钮，分别为"显示图片"、"字体"、"背景颜色"和"另存为"，运行界面如图 2-9-4 所示。要求如下：

① 单击"显示图片"按钮时，弹出"选择图片"对话框，将选定的图片装入图像框中。

② 在文本框中输入一些文字（自定）。

③ 单击"字体"按钮时，弹出"字体"对话框，用选定的内容改变文本框中文字的相应设置。

④ 单击"背景颜色"按钮时，弹出"颜色"对话框，用选定的颜色改变文本框的背景颜色。

⑤ 单击"另存为"按钮，打开"另存为"对话框，用户输入文件名后，便可以保存文本框的内容。

图 2-9-4　第 4 题设计界面

【提示】

① 先将通用对话框添加到工具箱中，选择"工程"→"部件"→Microsoft Common Dialog Control 6.0 命令。

② 利用文本框的 MultiLine 和 ScrollBars 属性设置滚动条。

③ 在激活字体对话框之前，必须设置 Flags 属性。

（5）设计 3 个窗体用于输入学生的 3 门课成绩，并计算总分与平均分。界面设计如

图 2-9-5(a)、图 2-9-5(b)和图 2-9-5(c)所示。单击"成绩录入"按钮,"成绩管理系统"窗体隐藏,"成绩录入"窗体显示;单击"统计分数"按钮,"成绩管理系统"窗体隐藏,"统计分数"窗体显示;单击"成绩录入"窗体和"统计分数"窗体中的"返回"按钮,返回主窗体。

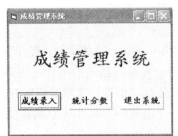 

    (a) 成绩管理系统主窗体   (b) 成绩录入窗体

(c)统计分数窗体

图 2-9-5   第 5 题图

【提示】

① 显示窗体使用 Show 方法、隐藏窗体使用 Hide 方法。

② 添加一个标准模块,定义 3 个全局变量,用于保存录入的成绩。

(6) 编写一个简单的文本处理程序。使用该程序中的菜单,能够对窗体上文本框中的文字进行处理,菜单设计如表 2-9-1 所示。同时,为文本框添加一个弹出式菜单,用以改变文本框中文本的字形,运行界面如图 2-9-6 所示。

表 2-9-1   菜单控件列表

菜 单 层 次	标　　题	名　　称	其他属性设置
顶级	字体(&F)	MFont	
一级	黑体	MFHt	
一级	楷体	MFKt	
一级	隶书	MFLs	
顶级	颜色(&C)	MColor	
一级	红色	MCRed	
一级	蓝色	MCBlue	
一级	绿色	MCGreen	
顶级	大小(&S)	MSize	
一级	12	MS12	
一级	16	MS16	
一级	18	MS18	

续表

菜 单 层 次	标　　题	名　　称	其他属性设置
顶级	字形	MStyle	不可见
一级	常规	MSGeneral	
一级	斜体	MSItalic	
一级	粗体	MSBold	
一级	粗斜体	MSBoldItalic	

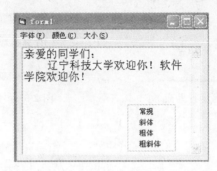

图 2-9-6　第 6 题运行界面

【提示】

① 弹出式菜单的设计同下拉式菜单的设计一样使用菜单编辑器。调用弹出式菜单的方法如下：

```
[对象名.]PopupMenu 菜单名,[Flags,[X,[Y,[BoldCommand]]]]
```

② 弹出菜单有两种：内置的弹出菜单和设置的弹出菜单。因为文本框已经含有内置的弹出菜单，所以在文本框上第 1 次右击时，显示的是内置的弹出菜单；第 2 次右击时，显示的才是设置的弹出菜单。

（7）根据图 2-9-7 设计窗体，包含 4 个标签、3 个文本框、1 个图片框和 1 个菜单系统。该菜单系统可以实现加法、减法、乘法、除法和阶乘的计算，可以绘制圆，可以清除控件的内容和退出程序，菜单系统设计如表 2-9-2 所示。

表 2-9-2　菜单控件列表

菜 单 层 次	标　　题	名　　称
顶级	计算 1	js1
一级	加法	jf1
一级	减法	jf2
顶级	计算 2	js2
一级	乘法	cf1
一级	除法	cf2
一级	阶乘	jc
顶级	画艺术图形	tx
顶级	清除与退出	qcytc
一级	清除	qc
一级	退出	tc

（8）在名称为 Form1 的窗体上画 1 个名称为 Text1 的文本框,再建立 1 个名称为 Format 的弹出式菜单,含 3 个菜单项,标题分别为"加粗"、"斜体"、"下划线",名称分别为 M1、M2、M3。请编写适当的事件过程,在运行时右击文本框,弹出此菜单,选中一个菜单项后,则进行菜单标题所描述的操作,如图 2-9-8 所示。

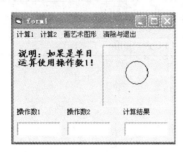

图 2-9-7　第 7 题运行界面

图 2-9-8　第 8 题运行界面

练习题 9

选择题

1. 工程中有 2 个窗体,名称分别为 Form1 和 Form2,Form1 为启动窗体,该窗体上有命令按钮 Command1,要求程序运行后单击该命令按钮时显示 Form2,则按钮的 Click 事件过程应该是_____。

A) Private Sub Command1_Click( )　　B) Private Sub Command1_Click( )
　　 Form2. Show　　　　　　　　　　　　 Form2. Visible
　　 End Sub　　　　　　　　　　　　　　 End Sub

C) Private Sub Command1_Click( )　　D) Private Sub Command1_Click( )
　　 Load Form2　　　　　　　　　　　　 Form2. Load
　　 End Sub　　　　　　　　　　　　　　 End Sub

2. 某人创建了 1 个工程,其中的窗体名称为 Form1;之后又添加了 1 个名为 Form2 的窗体,并希望程序执行时先显示 Form2 窗体,那么,他需要做的工作是_____。

A) 在工程属性对话框中把"启动对象"设置为 Form2

B) 在 Form1 的 Load 事件过程中加入语句 Load Form2

C) 在 Form2 的 Load 事件过程中加入语句 Form2. Show

D) 在 Form2 的 TabIndex 属性设置为 1,把 Form1 的 TabIndex 属性设置为 2

3. 下列关于菜单的说法中,错误的是_____。

A) 每个菜单项都是控件,与其他控件一样也有属性和事件

B) 除了 Click 事件外,菜单项不可能影响其他事件

C) 菜单项的索引号必须从 1 开始

D) 菜单项的索引号可以不连续

4. 使用通用对话框控件打开字体对话框时,如果要在字体对话框中显示样式和颜色,必须设置通用对话框控件的 Flags 属性为_____。

A) 128　　　　　　　B) 255　　　　　　　C) 256　　　　　　　D) 127

5. 在用菜单编辑器设计菜单时,必须输入的项是_____。

    A) 快捷键   B) 标题   C) 索引   D) 名称

6. 以下关于菜单的叙述中,错误的是_____。

    A) 在程序运行过程中可以增加或减少菜单项

    B) 如果把一个菜单项的 Enabled 属性设置为 False,则可删除该菜单项

    C) 弹出式菜单在菜单编辑器中设计

    D) 利用控件数组可以实现菜单项的增加或减少

7. 假定有一菜单项,名为 MenuItem,为了运行时使该菜单项失效(变灰),应使用的语句为_____。

    A) MenuItem.Enabled＝False   B) MenuItem.Enabled＝True

    C) MenuItem.Visible＝False   D) MenuItem.Visible＝True

8. 为使对话框显示为颜色对话框,下列方法正确的是_____。

    A) CommonDialog1.ShowOpen   B) CommonDialog1.Action＝2

    C) CommonDialog1.ShowColor   D) CommonDialog1.Action＝8

9. Visual Basic 通过菜单编辑器来设置应用程序的菜单,若要求在程序运行的过程中,选中该命令时,在该命令前有"√"的标记,则应该在菜单编辑器中_____。

    A) 选中"复选"   B) "复选"不被选中

    C) 选中"有效"   D) "有效"不被选中

10. 以下叙述中错误的是_____。

    A) 在同一窗体的菜单中,不允许出现标题相同的菜单项

    B) 在菜单的标题栏中,"&"所引导的字母指明了访问该菜单项的访问键

    C) 在程序运行过程中,可以重新设置菜单的 Visible 属性

    D) 弹出式菜单也在菜单编辑器中定义

11. 设在菜单编辑器中定义了一个菜单项,名为 Menu1,为了在运行时隐藏该菜单项,应使用的语句是_____。

    A) Menu1.Enabled＝true   B) Menu1.Enabled＝false

    C) Menu1.Visible＝true   D) Menu1.Visible＝false

12. 以下叙述中错误的是_____。

    A) 在程序运行时,通用对话框控件是不可见的

    B) 在同一个程序中,用不同的方法打开的通用对话框具有不同的作用

    C) 调用通用对话框控件的 ShowOpen 方法,可以直接打开在该通用对话框中指定的文件

    D) 调用通用对话框控件的 ShowColor 方法,可以打开颜色对话框

填空题

1. 在 Visual Basic 中,并不是所有的菜单都可以设置快捷键,不可以给_____级菜单设置快捷键。

2. 菜单控件只包含一个_____事件。

3. 弹出式菜单在_____中设计,且一般要使其_____级菜单不可见。

4. 菜单分为_____菜单和_____菜单。

5. 在显示字体对话框之前必须设置_____属性,否则将发生不存在字体的错误。

6. 如果要在程序中显示一个弹出式菜单,那么要调用 Visual Basic 中提供的_____方法。

实验 10 绘图、键盘和鼠标程序设计

实验目的

(1) 熟悉绘图坐标系统。

(2) 掌握 Shape 控件和 Line 控件的使用。

(3) 掌握各种图形方法的使用。

(4) 掌握键盘鼠标事件。

(5) 综合运用所学图形方法。

实验内容

(1) 显示 Shape 控件的六种形状,采用不同的线型和填充图案。

【提示】

初始界面中的 6 个单选按钮是控件数组中的控件。窗体中还有一个形状控件 Shape1。设置属性后的界面如图 2-10-1-1 所示。运行界面如图 2-10-1-2 所示。

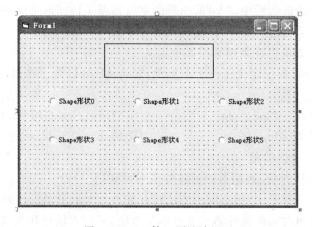

图 2-10-1-1　第 1 题设计界面

编写程序代码

```
Private Sub Option1_Click(Index As Integer)
  Shape1.Shape = Index
  Shape1.BorderStyle = Index + 1
  Shape1.FillStyle = Index + 2
End Sub
```

(2) 使用 Line 方法画出一个五角星,如图 2-10-2 所示。

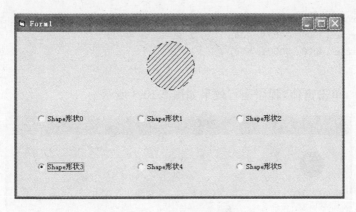

图 2-10-1-2　第 1 题运行的界面

【提示】

窗体 Form1 的 Caption 属性设置为"Line 控件使用举例"。

编写程序代码

```
Private Sub Form_Click( )
  Const pi = 3.1416 / 180, a = 1000
  Line (800, 800) – Step(a, 0)
  Line – Step( – a * Cos(36 * pi), a * Sin(36 * pi))
  Line – Step(a * Sin(18 * pi), – a * Cos(18 * pi))
  Line – Step(a * Sin(18 * pi), a * Cos(18 * pi))
  Line – Step( – a * Cos(36 * pi), – a * Sin(36 * pi))
End Sub
```

图 2-10-2　第 2 题运行界面

（3）在窗体上画出圆弧，扇形，圆和椭圆。

【提示】

编写程序代码

```
Private Sub Form_Click( )
        Const pi = 3.14159
        Circle (2150, 1200), 800, vbBlue, – pi / 6, – pi / 3, 3 / 5
        Circle (2000, 1300), 800, vbGreen, – pi / 3, – pi / 6, 3 / 5
        FillStyle = 0
        FillColor = RGB(0, 0, 255)
```

```
        Circle (900, 700), 300
        Circle (3000, 2000), 400, , , , 2
        Circle (4000, 3000), 400, , , , 1 / 3
End Sub
```

运行程序后,单击窗体,程序运行效果如图 2-10-3 所示。

图 2-10-3　第 3 题运行界面

(4) 使用绘图语句建立一个演示二次函数曲线的窗体程序。

【提示】

窗体设计如图 2-10-4-1 所示。其中,3 个文本框控件 txtA、txtB、txtC 用来输入二次函数的参数,图片框 Picture1 用来显示二次函数曲线,命令按钮 cmdXsqx 用来启动二次函数曲线的绘画,命令按钮 cmdCls 用来清除二次函数曲线。

按照表 2-10-1 的要求设置控件属性。

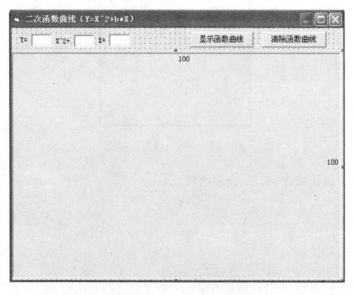

图 2-10-4-1　第 4 题设计窗体

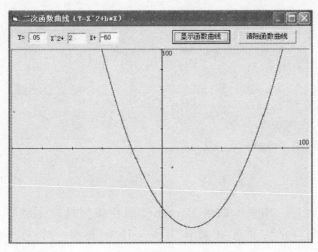

图 2-10-4-2　第 4 题运行界面

表 2-10-1　frmEchs 窗体中控件属性值设置

对　　象	类　　型	属　性	设　置　值	作　　用
frmEchs	窗体	Caption	二次函数曲线	
Picture1	图片框			显示函数曲线
lblX	标签	Caption	100	坐标值
lblY	标签	Caption	100	坐标值
Label1	标签	Caption	Y＝	显示函数表达式
Label2	标签	Caption	X^2＋	显示函数表达式
Label3	标签	Caption	X＋	显示函数表达式
txtA	文本框			输入函数 a 参数
txtB	文本框			输入函数 b 参数
txtC	文本框			输入函数 c 参数
cmdXsqx	命令按钮	Caption	显示函数曲线	启动绘制曲线
cmdCls	命令按钮	Caption	清除函数曲线	清除绘制的曲线

（5）大小写转化程序。

【提示】

窗体设计如图 2-10-5 所示。

代码提示：

```
Private Sub Text1_KeyPress (KeyAscii As Integer)
    Dim aa As String * 1
    aa = Chr $ (KeyAscii)                    '将 ASCII 码转换成字符
    Select Case aa
        Case "A" To "Z"                      '大写转换成小写
          aa = Chr $ (KeyAscii + 32)
        Case "a" To "z"                      '小写转换成大写
          aa = Chr $ (KeyAscii - 32)
        Case " "
        Case Else
          aa = " * "
    End Select
```

```
'将转换文本框已有的内容与刚输入并转换的字符连
    Text2.Text = Text2.Text & aa
End Sub
Private Sub Command1_Click()
    Text1.Text = ""
    Text2.Text = ""
End Sub
Private Sub Command2_Click()
    End
End Sub
```

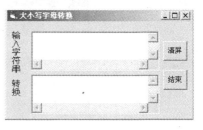

图 2-10-5   第 5 题大小写转换

（6）编写口令程序。用文本框的 Password 属性编写过口令程序，下面的口令程序是 KeyPress 事件编写的。首先在窗体上画一个标签和一个文本框，如图 2-10-6-1 所示。

程序运行后，在文本框中输入口令，如果口令正确，显示相应的信息，单击"确定"按钮后，显示一行信息；如果口令不正确，则要求重新输入（如图 2-10-6-2）；3 次口令都不正确，则停止输入，并结束程序。

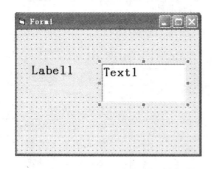

图 2-10-6-1   第 6 题设计界面

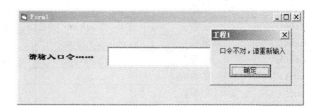

图 2-10-6-2   第 6 题运行界面

【提示】

① 编写 Text1 和 Text2 的 KeyPress 事件代码，当键盘输入的键不是数字键时，文本框接收不到键值。单击"比较"按钮下，鼠标指针的形状为沙漏形状，3s 后恢复系统默认。

② Text3 为禁止输入，当鼠标移动到 Text3 控件上时，鼠标指针显示为禁止形状。

练习题 10

选择题

1. 当用户按键时，KeyPress 事件、KeyDown 事件、KeyUp 事件的执行顺序为_____。

    A）KeyPress 事件、KeyDown 事件、KeyUp 事件

    B）KeyDown 事件、KeyPress 事件、KeyUp 事件

    C）KeyDown 事件、KeyUp 事件、KeyPress 事件

    D）KeyDown 事件、KeyUp 事件与 KeyPress 事件

2. 下面选项与鼠标拖放操作无关的是_____。

A) Drag 方法　　　　　　　　　　B) DragOver 事件

C) DragDrop 事件　　　　　　　　D) KeyPress 事件

3. 下列关于 MouseMove 事件的发生描述正确的是_____。

A) 与鼠标的灵敏度有关

B) 每秒激发一次

C) 伴随鼠标的移动而连续不断地发生

D) 当鼠标移动时被激活一次然后等待下次移动

4. 在窗体中添加一个文本框,然后编写代码如下:

```
Private Sub Text1_KeyPress(KeyAscii As Integer)
Dim char As String
char = Chr(KeyAscii)
KeyAscii = Asc(UCase(char))
Text1.Text = String(3, KeyAscii)
End Sub
```

程序运行后,如果在键盘上输入字母"a",则文本框中显示内容为_____。

A) a　　　　　　B) A　　　　　　C) aaaa　　　　　　D) AAAA

5. 以下叙述中错误的是_____。

A) 在 KeyUp 和 KeyDown 事件过程中,从键盘上输入"A"或"a"被视作相同的字母
（即具有相同的 KeyCode）

B) 在 KeyUp 和 KeyDown 事件过程中,将键盘上的"1"和右侧小键盘上的"1"被视
作不同的数字（即具有不同的 KeyCode）

C) KeyPress 事件中不能识别键盘上某个键的按下与释放

D) KeyPress 事件中可以识别键盘上某个键的按下与释放

实验 11　文件程序设计

实验目的

（1）掌握文件系统控件的使用。

（2）掌握顺序文件、随机文件的程序设计。

实验内容

（1）在名称为 Form1 的窗体上画一个文本框,名称为 Text1,可以多行显示,并有垂直滚动条；然后再画 3 个命令按钮,名称分别为 Command1、Command2 和 Command3,标题分别为"取数"、"排序"和"存盘",编写适当的事件过程。程序运行后,如果单击"取数"按钮,则将 in5. txt 文件中的 100 个整数读到数组中,并在文本框中显示出来,如图 2-11-1 所示；如果单击"排序"按钮,则对这 100 个整数按从大到小的顺序进行排序,并把排序后大于 500 的数在文本框中显示出来；如果单击"存盘"按钮,则把文本框中所有的数（即排序后大于 500）保存到考生文件夹下的文件 out5. txt 中。

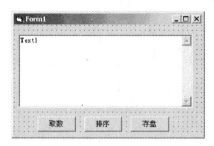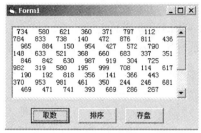

图 2-11-1　第 1 题设计运行界面

【提示】

① 必须把排序后大于 500 的所有整数保存到 out5. txt 中,否则没有成绩。

② 存盘时必须存放在考生文件夹下,工程文件名为 sjt5. vbp,窗体文件名为 sjt5. frm。

(2) 设计一个窗体,包括一个名称为 Drive1 的驱动器列表框控件;一个名称为 Dir1 的目录列表框控件;一个名称为 File1 的文件列表框控件;两个名称分别为 Label1、Label2 的标签,标题为"共有文件"和"所选文件";另外还有两个名称为 Label3、Label4 的标签,标题为空白。编写程序,使得驱动器列表框和目录列表框、目录列表框和文件列表框同步变化,并且在标签 Label3 中显示当前文件夹中文件的数量。当单击文件列表框中的某个文件,则在标签 Label4 中显示所选的文件名,运行结果如图 2-11-2 所示。

【提示】

① 完成同步变化,使用 Drive1 的 Path 和 Drive 属性,使用 Dir1 的 Path 属性,使用 File1 的 Path 属性。

② 统计当前文件夹中文件的数量使用 File1 的 ListCount 属性;在标签中显示所选的文件名使用 File1 的 FileName 属性。

(3) 设计一个窗体,包括一个名称为 Cb1 的组合框,组合框的列表项分别是 5、7、13;一个名称为 Text1 的文本框;一个名称为 C1,标题为"计算"的命令按钮。编写适当的事件过程,使得程序运行时,在组合框中选定一个数字后,单击"计算"按钮,则计算 200 以内能够被该数整除的所有数之和,并把结果放入文本框中,运行结果如图 2-11-3 所示。在结束程序时,单击窗体右上角的"关闭"按钮,则在"d:\"下建立一个名为"jieguo. txt"文件,用来保存程序运行后组合框中选择的数字及文本框的计算结果。

图 2-11-2　第 2 题运行界面

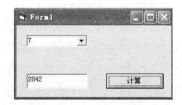

图 2-11-3　第 3 题运行界面

【提示】

在窗体的 Unload 事件中编写以下代码保存文件：

```
Open "d:\jieguo.txt" For Output As #1
    Print #1, Cb1.Text, Text1.Text
Close #1
```

当 d:\下不存在该文件时，则自动创建。

（4）设计一个窗体，运行结果如图 2-11-4 所示。单击"输入数据"按钮，将某单位 6 名员工的基本信息（基本信息包括员工号、姓名、性别和工资），通过编程输入到一个顺序文件中，文件名为"work.txt"。单击"显示数据"按钮，将"work.txt"文件中的数据显示在窗体上。

【提示】

写语句 Write 和读操作 Input 常配合使用。

（5）设计一个窗体，运行结果如图 2-11-5 所示。单击"输入数据"按钮，将 5 名学生的数据（包括学号、姓名、成绩）存入名为"stu.dat"的随机文件中。单击"显示数据"按钮，将"stu.dat"文件中的数据显示在窗体上。

图 2-11-4　第 4 题运行界面

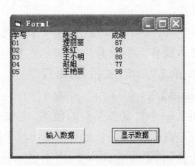

图 2-11-5　第 5 题运行界面

【提示】

随机文件中的数据以记录的形式存储，如果存入随机文件，应先定义一个记录类型，然后定义记录变量。

（6）设计一个窗体，包括 4 个命令按钮，名称分别为 C1、C2、C3 和 C4，标题分别为"显示"、"添加"、"删除"和"退出"，设计界面如图 2-11-6 所示。利用第 4 题中创建的顺序文件"work.txt"，完成如下操作：

① 单击"显示"按钮，把文件内容显示在窗体上。

② 单击"添加"按钮，向文件"work.txt"中添加数据，并把添加新数据后的文件内容显示在窗体上。

图 2-11-6　第 6 题运行界面

③ 单击"删除"按钮，删除文件"work.txt"中的数据，并把删除数据后的文件内容显示在窗体上。

④ 单击"退出"按钮,退出程序。

【提示】

① 添加记录时,文件以 Append 的方式打开,从文件尾部开始添加。

② 删除操作应在两个文件之间进行,由甲文件中读出一个记录,若保留则写入乙文件中;若删除则不写入,直到甲文件处理完。删除甲文件,将乙文件改名为甲文件名。

(7) 设计一个窗体,包括 4 个名称分别为 C1、C2、C3 和 C4 的命令按钮,其标题分别为"显示"、"排序"、"插入"和"退出",设计界面如图 2-11-7 所示。利用第 5 中创建的随机文件"stu. dat",完成如下操作:

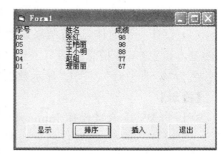

图 2-11-7 第 7 题运行界面

① 单击"显示"按钮,把文件内容显示在窗体上。

② 单击"排序"按钮,将文件"stu.dat"中的数据按成绩降序排列,并把排序操作后的文件内容显示在窗体上。

③ 单击"插入"按钮,输入一个新的学生成绩,按成绩顺序插入到文件"stu. dat"中,并把完成插入操作后的文件内容显示在窗体上。

④ 单击"退出"按钮,退出程序。

【提示】

定义一个自定义类型的数组,完成排序。

(8) 窗体上有一个文本框 Text1 用于显示 5 个学生的 6 门课成绩,右边的 5 个文本框是一个数组,名称为 Text2,用于显示每个学生的平均分,下方的 6 个文本框是一个数组,名称为 Text3,用于显示每门课的平均分,窗体设计界面如图 2-11-8 所示。

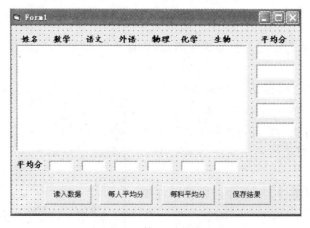

图 2-11-8 第 8 题设计界面

程序的功能是:

① 单击"读入文件"按钮,把 5 个学生的 6 门课成绩显示在文本框 Text1。

② 单击"每人平均分"按钮,计算每个学生的平均分,并显示在 Text2 数组中。

③ 单击"每科平均分"按钮,计算每门课的平均分,并显示在 Text3 数组中。

④ 单击"保存结果"按钮,把 Text3 中的所有平均分存入"jieguo117.txt"文件中。注意:所有平均分的值均四舍五入取整或截尾取整。

【提示】

① 定义一个二维数组保存文件中的数据。

② 将一个表达式转换成整型使用 CInt 函数。

练习题 11

选择题

1. 下面关于文件的叙述中错误的是_____。

　A) 随机文件中各条记录的长度是相同的

　B) 打开随机文件时采用的文件存取方式应该是 Random

　C) 向随机文件中写数据应使用语句 Print♯ 文件号

　D) 打开随机文件与打开顺序文件一样,都使用 Open 语句

2. 窗体上有 1 个名称为 Text1 的文本框和 1 个名称为 Command1 的命令按钮。要求程序运行时,单击命令按钮,就可以把文本框中的内容写到文件 out.txt 中,每次写入的内容附加到文件原有内容之后。下面能够实现上述功能的程序是_____。

```
A) Private Sub Command1_Click()          B) Private Sub Command1_Click()
       Open "out.txt" For Input As♯1          Open "out.txt" For output As♯1
       Print♯1, Text1.Text                    Print♯1,Text1.Text
       Close♯1                                 Close♯1
   End Sub                                  End Sub

C) Private Sub Command1_Click()          D) Private Sub Command1_Click()
       Open "out.txt" For Append As♯1         Open "out.txt" For Random As♯1
       Print♯1,Text1.Text                     Print♯1,Text1.Text
       Close♯1                                 Close♯1
   End Sub                                  End Sub
```

3. 设有语句:Open "d:\Test.txt" For Output As ♯1,以下叙述中错误的是_____。

　A) 若 d 盘根目录下无 Test.txt 文件,则该语句创建此文件

　B) 用该语句建立的文件的文件号为 1

　C) 该语句打开 d 盘根目录下一个已存在的文件 Test.txt,之后就可以从文件中读取信息

　D) 执行该语句后,就可以通过 Print♯ 语句向文件 Test.txt 中写入信息

4. 执行语句 Open "Tel.dat" For Random As ♯1 Len = 50 后,对文件 Tel.dat 中的数据能够执行的操作是_____。

　A) 只能写,不能读　　　　　　　　B) 只能读,不能写

　C) 既可以读,也可以写　　　　　　D) 不能读,不能写

5. 文件号最大可取的值为_____。

　A) 255　　　　　B) 511　　　　　C) 256　　　　　D) 512

6. 改变驱动器列表框的 Drive 属性将激活_____事件。

    A) Change   B) KeyDown   C) Click   D) MouseDown

7. 为了把一个记录变量的文件号写入文件中的指定位置,所使用的格式为_____。

    A) Get ♯ 文件号,记录号,变量名   B) Get ♯ 文件号,变量名,记录号

    C) Put ♯ 文件号,记录号,变量名   D) Put ♯ 文件号,变量名,记录号

8. 以下能判断是否到达文件尾的函数是_____。

    A) BOF   B) LOC   C) LOF   D) EOF

9. 要获得当前驱动器应使用驱动器列表框的属性是_____。

    A) Path   B) Dir   C) Pattern   D) Drive

10. 下面关于顺序文件的描述正确的是_____。

    A) 每条记录的长度必须相同

    B) 可通过编程对文件中的某条记录方便地修改

    C) 数据只能以 ASCII 码形式存放在文件中,所以可通过编辑软件显示

    D) 文件的组织结构复杂

填空题

1. 下面程序的功能是把文件 file11.txt 中重复字符去掉后(即若有多个字符相同,则只保留 1 个)写入文件 file2.txt,请填空。

```
Private Sub Command1_Click()
 Dim inchar As String, temp As String, outchar As String
 outchar = " "
 Open = "file1.txt" For Input As ♯1
 Open = "file2.txt" For Output As _____
 n = LOF(_____)
 inchar = Input $ (n,1)
 For k = 1 To n
   Temp = Mid(inchar,k,1)
   If  InStr(outchar, temp) = _____ Then
        outchar = outchar & temp
    End If
   Next k
   print ♯2,_____
   close ♯2
   close ♯1
End Sub
```

2. 在窗体上画 1 个命令按钮和 1 个文本框,其名称分别为 Command1 和 Text1,然后编写如下事件过程:

```
Private Sub Command1_Click()
 Dim inData As String
 Text1.Text = " "
 Open "d:\ Myfile.txt" for _____ As ♯1
 Do While _____
  Input ♯ 1,inData
  Text1.Text = Text1.Text + inData
```

```
Loop
    Close #1
End Sub
```

3. 程序的功能是,打开 D 盘根目录下的文本文件 myfile.txt,读取它的全部内容并显示在文本框中。请填空。在窗体上画 1 个文本框,名称为 Text1,然后编写如下事件过程:

```
Private Sub Form_Load()
    Open "d:\temp\dat.txt" for Output As #1
    Text1.Text = " "
End Sub
Private Sub Text1_KeyPress(KeyAscii As Integer)
    If _____ = 13 Then
        If  UCase(Text1.Text) = _____ Then
            Close 1
            End
        Else
            Write #1, _____
            Text1.Text = " "
        End If
    End If
End Sub
```

以上程序的功能是,在 D 盘 temp 目录下建立 1 个名为 dat.txt 的文件,在文本框中输入字符,每次按回车键(回车键的 ASCII 码是 13)都把当前文本框中的内容写入文件 dat.txt,并清除文本框中的内容;如果输入 END,则结束程序。请填空。

实验 12 综合用户界面程序设计

实验目的

(1) 掌握各种控件的性属性设置。
(2) 掌握各种控件常用事件的设计。

实验内容

(1) 请按照题目要求设计指定的窗体(本题有 6 个项目要完成),建立如图 2-12-1 所示界面:
① 窗体设置。
• 标题内容为"南京工程学院"。
• 起始位置设置为屏幕中央。
② 在窗体的上方,添加一个文本框控件。
• 设置对齐方式为中间对齐。
• 设置文本可换行。

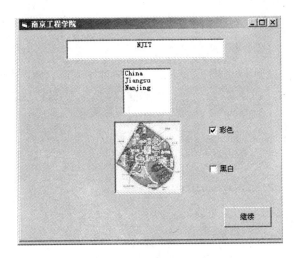

图 2-12-1   第 1 题运行界面

- 文本内容为"NJIT"。
③ 在文本框下方,添加一个列表框。
- 设置其列表内容从上到下分别为:"China"、"Jiangsu"、"Nanjing"。
④ 在列表框下方,添加一个 image 控件。
- 名称为"图片"。
- 边框风格为1。
- 高度为 1800,宽度为 1700。
- 装载的图片为程序所在目录内的"平面图.jpg"。
- 不自动调整大小。
⑤ 在 image 右边按从上到下添加两个复选框。
- 第一个复选框名称为"复选一",标题为"彩色",并被选中。
- 第二个复选框名称为"复选二",标题为"黑白"。
⑥ 在窗体右下角添加一个命令按钮。
- 名称为"按钮"。
- 标题为"继续"。
- 在单击事件里添加代码,使得列表框中增加一项,内容为文本框中的内容。
(2)请按照题目要求设计指定的窗体(本题有 5 个项目要完成),建立如图 2-12-2 所示
界面:
① 窗体设置。
- 名称设置为"Nanjing"。
- 标题为"圣火南京路线"。
- 窗体背景图片设置为当前程序目录下的"南京.jpg"。
- 窗体起始位置为"所有者中心"。
② 在窗体上方添加一个标签控件。
- 名称为"标签"。

图 2-12-2　第 2 题运行界面

- 文字对齐方式为居中对齐。
- 背景为透明。
- 字体名称为黑体,字体大小为 36。
- 高度为 975,宽度为 3495。
- 内容为"喜迎奥运"。

③ 在标签下方添加一个水平滚动条。

- 最大变化为 100。
- 最大值为 1000。
- 最小值为 100。

④ 在滚动条下方添加一个文件列表框。

- 名称为"文件列表"。
- 只显示后缀名为 jpg 的文件。

⑤ 在窗体右下角添加一个命令按钮。

- 名称为"Clear"。
- 标题为"清除"。
- 在单击事件里添加代码,去除掉窗体的背景图片。

(3) 请按照题目要求设计指定的窗体(本题有 6 个项目要完成),建立如图 2-12-3 所示界面:

① 窗体设置。

- 名称为"个人介绍"。
- 标题为"我的个人信息"。

② 在窗体上方添加一个文本框控件。

- 文本内容为"个人简历"。
- 设置文本被锁定。
- 文本允许多行。
- 该文本框设置为不可见。

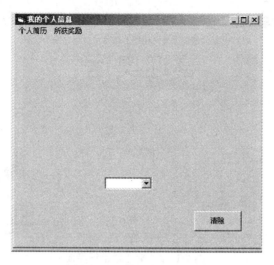

图 2-12-3　第 3 题运行界面

③ 在文本框下添加一个标签控件。

• 内容右对齐。

• 标题内容为"所获奖励"。

• 该标签不可见。

④ 在标签下添加一个组合框控件。

• 名称为"组合框"。

• 列表项目依次为"小学"、"初中"、"高中"、"大学"。

• 列表项目排序属性设置为 True。

⑤ 添加两个一级菜单,均无子菜单。

• 第 1 个一级菜单,名称为 Menu1,标题为"个人简历"。

• 第 2 个一级菜单,名称为 Menu2,标题为"所获奖励"。

• 在 Menu1 的单击事件里添加代码,使文本框可见。

• 在 Menu2 的单击事件里添加代码,使标签可见。

⑥ 在窗体右下角添加一个命令按钮。

• 标题为"清除"。

• 在单击事件里添加代码,清除组合框里的所有项目。

第三部分

参考答案及综合训练

实验 1 参考答案

一、实验参考答案

第(1)题

```
Private Sub Form_Click()
    Print "新朋友,欢迎你!"
End Sub
Private Sub Form_DblClick()
    Cls
End Sub
```

第(2)题

```
Private Sub Command1_Click()
    Form1.Width = Form1.Width * 1.5
    Form1.Height = Form1.Height * 1.5
End Sub
Private Sub Command2_Click()
    Form1.Width = Form1.Width * 0.8
    Form1.Height = Form1.Height * 0.8
End Sub
Private Sub Command3_Click()
    End
End Sub
```

第(3)题

```
Private Sub Form_Load()
    Form1.Caption = "窗体"
    Form1.Height = Screen.Height / 2
    Form1.Width = Screen.Width / 2
    Form1.Top = (Screen.Height - Form1.Height) / 2
    Form1.Left = (Screen.Width - Form1.Width) / 2
End Sub
```

第(4)题

```
Private Sub Command1_Click()
    Label1.FontName = "宋体"
End Sub
Private Sub Command2_Click()
    Label1.FontName = "黑体"
End Sub
```

第(5)题

```
Private Sub Form_Click()
    Label1.FontSize = Label1.FontSize * 2
    Label1.FontBold = True
    Label1.FontUnderline = True
End Sub
```

第(6)题

编写 Text1 的 Change 事件过程，Text2 的 Locked 属性为 True

```
Private Sub Text1_Change()
    Text2.Text = Text1.Text
End Sub
```

第(7)题

```
Private Sub Command1_Click()
    Label1.Caption = "VB 程序设计"
End Sub
Private Sub Command2_Click()
    Label1.Caption = ""
End Sub
```

第(8)题

命令按钮的 Name 属性改为 C1，应用 Move 方法。

```
Private Sub Form_Click()
    C1.Move C1.Left + 300, C1.Top + 100
End Sub
```

第(9)题

在 Cls 方法中，对象省略则默认为窗体

```
Private Sub C1_Click()
    Print:
    Print Tab(8); "*"
    Print Tab(7); "*"; Tab(9); "*"
    Print Tab(6); "*"; Tab(10); "*"
    Print Tab(5); "*"; Tab(11); "*"
    Print Tab(4); "*"; Tab(12); "*"
    Print Tab(5); "*"; Tab(11); "*"
    Print Tab(6); "*"; Tab(10); "*"
```

```
    Print Tab(7); "*"; Tab(9); "*"
    Print Tab(8); "*"
End Sub
Private Sub C2_Click()
    Cls
End Sub
```

第(10)题

```
Private Sub Command1_Click()
    Text1.Visible = False
    Command1.Enabled = False
End Sub
Private Sub Command2_Click()
    Text1.Visible = True
    Text1.Text = "VB程序设计,我有点喜欢你了!"
    Text1.FontSize = 16
    Command1.Enabled = True
End Sub
```

第(11)题

```
Private Sub Command1_Click()
    Text1.FontName = "隶书"
    Text1.FontSize = 14
    Text1.BorderStyle = 0
End Sub
Private Sub Command2_Click()
    Text2.BackColor = VBred
End Sub
Private Sub Command3_Click()
    End
End Sub
```

第(12)题

```
Private Sub C1_Click()
    Text2.Text = Text1.SelText
End Sub
Private Sub C2_Click()
    Text1.SelText = ""
End Sub
```

二、练习题 1 参考答案

1~5 BBCCB	6~10 CCDAD	11~15 BCAAC	16~20 CDABA
21~25 CCCBC	26~30 ACCAB	31~35 BBACA	36~40 DDDBD
41~45 BDCDA	46~50 CAACC	51~55 CCCCB	56~60 CADBA

实验 2 参考答案

一、实验参考答案

第(1)题

```
Private Sub Form_Click()
  a = 5
  b = 2.5
  c = 7.8
  y = 3.14 * a * b / (a + b * c)
  Print "y = "; CInt(y)
End Sub
```

第(2)题

```
Private Sub Command1_Click()
    Text3.Text = Val(Text1.Text) + Val(Text2.Text)
    Label1.Caption = " + "
End Sub
Private Sub Command2_Click()
    Text3.Text = Val(Text1.Text) - Val(Text2.Text)
    Label1.Caption = " - "
End Sub
Private Sub Command3_Click()
    Text3.Text = Val(Text1.Text) * Val(Text2.Text)
    Label1.Caption = " × "
End Sub
Private Sub Command4_Click()
    Text3.Text = Val(Text1.Text) / Val(Text2.Text)
    Label1.Caption = " ÷ "
End Sub
Private Sub Command5_Click()
    Text1.Text = ""
    Text2.Text = ""
    Text3.Text = ""
    Label1.Caption = ""
End Sub
Private Sub Command6_Click()
    End
End Sub
```

第(3)题

```
Private Sub Form_Click()
    a = MsgBox("请确认此数据是否正确", 3 + 16, "数据检查对话框")
    Print "你按下的按钮的值为："; a
End Sub
```

第(4)题

```
Private Sub Command1_Click()
Text1.Text = "": Text2.Text = "": Text3.Text = ""
Text4.Text = "": Label1.Caption = "": Label2.Caption = ""
    Text1.Text = InputBox("请输入第一个数: ", "输入 4 个数")
    Text2.Text = InputBox("请输入第二个数: ", "输入 4 个数")
    Text3.Text = InputBox("请输入第三个数: ", "输入 4 个数")
    Text4.Text = InputBox("请输入第四个数: ", "输入 4 个数")
End Sub
Private Sub Command2_Click()
Label1.Caption = Val(Text1.Text) + Val(Text2.Text) + Val(Text3.Text) _
                  + Val(Text4.Text)
End Sub
Private Sub Command3_Click()
Label2.Caption = (Val(Text1.Text) + Val(Text2.Text) + Val(Text3.Text) _
                  + Val(Text4.Text)) / 4
End Sub
Private Sub Command4_Click()
End
End Sub
```

第(5)题

```
Private Sub Command1_Click()
Dim t As String
t = Text1.Text
Text1.Text = Text2.Text
Text2.Text = t
End Sub
```

第(6)题

```
Private Sub Form_Click()
Dim name$, sex$, age$, nationality$
Form1.FontSize = 18
name = InputBox("请输入姓名: ", "学生情况登记")
sex = InputBox("请输入性别: ", "学生情况登记")
age = InputBox("请输入年龄: ", "学生情况登记")
nationality = InputBox("请输入籍贯: ", "学生情况登记")
Print "姓名: "; name
Print "性别: "; sex
Print "年龄: "; age
Print "籍贯: "; nationality
End Sub
```

第(7)题

```
Private Sub C1_Click()
Text1.Text = LCase(Text1.Text)
Text2.Text = UCase(Text1.Text)
End Sub
```

第(8)题

```
Private Sub Command1_Click()
    Dim num%, qw%, bw%, sw%, gw%
    num = Text1.Text
    qw = num \ 1000
    bw = (num - qw * 1000) \ 100
    sw = (num - qw * 1000 - bw * 100) \ 10
    gw = num Mod 10
    Text2.Text = qw:   Text3.Text = bw
    Text4.Text = sw:   Text5.Text = gw
    Text6.Text = gw * 1000 + sw * 100 + bw * 10 + qw
End Sub
```

二、练习题 2 参考答案

选择题

1~5 CADDC   6~10   DADDA   11~15   BCCDB

16~20   ADBCA   21~25   CABBD

填空题

1. Int(Rnd * 90＋10)

2. 变体类型或 Variant

3. 0.01

4. 1

5. 长整型,货币型,单精度

6. Shanghai

7. 双引号,♯号

8. 字符型

9. Beijing

实验 3 参考答案

一、实验参考答案

第(1)题

```
Private Sub Command1_Click()
    Dim a!, b!, c!, max!
    a = Val(Text1.Text)
    b = Val(Text2.Text)
    c = Val(Text3.Text)
    max = a              '设最大数是a
    If max < b Then max = b
```

```
    If max < c Then max = c
    Label2.Caption = max
End Sub
```

第(2)题

```
Private Sub Command1_Click()
  Dim a!, b!, c!, t!, s!
  a = Val(Text1.Text)
  b = Val(Text2.Text)
  c = Val(Text3.Text)
  If a + b > c And a + c > b And b + c > a Then
    t = (a + b + c) / 2
    s = Sqr(t * (t - a) * (t - b) * (t - c))
    Label2.Caption = s
  Else
    MsgBox "输入的 3 个数不能构成三角形,请重新输入!", 17, "警告"
  End If
End Sub
Private Sub Command2_Click()
  Text1.Text = ""
  Text2.Text = ""
  Text3.Text = ""
  Label2.Caption = ""
  Text1.SetFocus
End Sub
Private Sub Command3_Click()
  End
End Sub
```

第(3)题

```
Private Sub Form_Click()
  score = Val(InputBox("请输入成绩:", "成绩转换"))
  If score >= 90 Then
    Print "A"
  ElseIf score >= 80 Then
    Print "B"
  ElseIf score >= 70 Then
    Print "C"
  ElseIf score >= 60 Then
    Print "D"
  Else
    Print "E"
  End If
End Sub
```

第(4)题

```
Private Sub Command1_Click()
  x! = Val(Text1.Text)
  Select Case x
```

```
      Case Is < 1
        y = x
        s = "y = x = " & Str(y)
      Case Is < 10
        y = 2 * x - 1
        s = "y = 2 * x - 1 = " & Str(y)
      Case Else
        y = 3 * x - 11
        s = "y = 3 * x - 11 = " & Str(y)
    End Select
    Label2.Caption = s
  End Sub
  Private Sub Command2_Click()
  End
  End Sub
```

第(5)题

```
Private Sub C1_Click()
  Dim i As Integer
  i = Val(L4.Caption)
  If T1.Text = "vb" Then
    If T2.Text = "123456" Then
      MsgBox "密码正确!", 48, "正确"
    Else
      i = i - 1
      If i = 0 Then
        MsgBox "第 3 次密码错误,系统将锁死!", 16, "警告"
        L4.Caption = 0
        T1.Enabled = False: T2.Enabled = False
        C1.Enabled = False
      Else
        MsgBox "第" & 3 - i & "次密码错误!", 16, "警告"
        L4.Caption = i
      End If
    End If
  Else
    MsgBox "账号错误!", 16, "警告"
  End If
End Sub
Private Sub C2_Click()
  End
End Sub
Private Sub Form_Load()
  T1.Text = "": T2.Text = ""
  T2.MaxLength = 6: T2.PasswordChar = " * "
End Sub
```

第(6)题

```
Private Sub Command1_Click()
  Dim x!, y!
```

```
    If IsNumeric(Text1.Text) Then
      x = Val(Text1.Text) - 1600
      If x > 5000 Then
         y = 0.2
      ElseIf x > 2000 Then
         y = 0.15
      ElseIf x > 500 Then
         y = 0.1
      ElseIf x > 0 Then
         y = 0.05
      Else
         y = 0
      End If
      Text2.Text = y
      Text3.Text = x * (1 - y) + 1600
      Text4.Text = x * y
    Else
      a = MsgBox("工资应该是数值!", 21, "警告")
      If a = 2 Then
         End
      Else
         Text1.Text = "": Text2.Text = "": Text3.Text = "": Text4.Text = ""
         Text1.SetFocus
      End If
    End If
End Sub
```

第(7)题

```
Private Sub Command1_Click()
  Dim a#, b#, c#, d#, t#
  If IsNumeric(Text1.Text) And IsNumeric(Text2.Text) _
      And IsNumeric(Text3.Text) And IsNumeric(Text4.Text) Then
      a = Val(Text1.Text): b = Val(Text2.Text)
      c = Val(Text3.Text): d = Val(Text4.Text)
      If a > b Then t = a: a = b: b = t
      If a > c Then t = a: a = c: c = t
      If a > d Then t = a: a = d: d = t
      If b > c Then t = b: b = c: c = t
      If b > d Then t = b: b = d: d = t
      If c > d Then t = c: c = d: d = t
      Text1.Text = a: Text2.Text = b
      Text3.Text = c: Text4.Text = d
  Else
      MsgBox "请输入数字"
      Text1.Text = "": Text2.Text = ""
      Text3.Text = "": Text4.Text = ""
  End If
End Sub
```

第(8)题

```
Private Sub Form_Click()
    Dim msg, userinput
    msg = "请输入一个字母或数字(0 到 9): "
    userinput = InputBox(msg)
    If Not IsNumeric(userinput) Then          '不是数字
        If Len(userinput) <> 0 Then
            Select Case Asc(userinput)        '返回字符的 ASCII 码
                Case 65 To 90
                    msg = "你输入的是一个大写字母"
                    msg = msg & userinput & "."
                Case 97 To 122
                    msg = "你输入的是一个小写字母"
                    msg = msg & userinput & "."
                Case Else
                    msg = "你输入的不是一个字母或数字."
            End Select
        End If
    Else
        Select Case userinput
            Case 1, 3, 5, 7, 9                 '奇数
                msg = userinput & "是一个奇数"
            Case 0, 2, 4, 6, 8                 '偶数
                msg = userinput & "是一个偶数"
            Case Else                          '出界
                msg = "你输入的数字越界"
        End Select
    End If
    MsgBox msg
End Sub
```

第(9)题

```
Private Sub Command1_Click()
    Cls
    s1 = "我选的课程有:"
    If Ch1.Value = 1 Then
        s1 = s1 + " SQL Server 数据库"
    End If
    If Ch2.Value = 1 Then
        s1 = s1 + " My SQL 数据库"
    End If
    If Ch3.Value = 1 Then
        s1 = s1 + " 计算机网络"
    End If
    Print s1
End Sub
```

第(10)题

```
Private Sub C1_Click()
    s1 = "我是"
    s2 = "我的爱好是"
    If OP1.Value = True Then
        s1 = s1 + "男生,"
      ElseIf OP2.Value = True Then
        s1 = s1 + "女生,"
    End If
    If OP1.Value = True Or OP2.Value = True Then
        T1.Text = ""
    If Ch1.Value = 1 And Ch2.Value = 0 Then
        T1.Text = s1 + s2 + "体育"
    ElseIf Ch1.Value = 0 And Ch2.Value = 1 Then
        T1.Text = s1 + s2 + "音乐"
    ElseIf Ch1.Value = 1 And Ch2.Value = 1 Then
        T1.Text = s1 + s2 + "体育和音乐"
    Else
        MsgBox "请选择爱好!!"
    End If
    Else
        MsgBox "请选择性别!!"
    End If
End Sub
```

二、练习题 3 参考答案

选择题

1~5　ABCDD　　　6~10　CDCDB　　　11~15　BCDDA

填空题

1. 变量,属性

2. InputBox(),字符串,Val()

3. MsgBox

4. Is 关系表达式

5. 空格后面加下划线,：

6. 顺序结构,选择结构,循环结构

7. BASIC

8. 55

9. 10

10. Val,a>0

实验 4 参考答案

一、实验参考答案

第(1)题

```vb
Private Sub Form_Click()
  Dim i%, sum%
  sum = 0
  For i = 2 To 100 Step 2
    sum = sum + i
  Next
  Print "for 循环: sum = "; sum
  i = 2: sum = 0
  While i <= 100
    sum = sum + i
    i = i + 2
  Wend
  Print "while 循环: sum = "; sum
  i = 2: sum = 0
  Do Until i > 100
    sum = sum + i
    i = i + 2
  Loop
  Print "do 循环: sum = "; sum
End Sub
```

第(2)题

```vb
Private Sub Form_Click()
  Dim jc&, i%, n%
  n = Val(InputBox("请输入 n 值"))
  jc = 1
  For i = 1 To n
    jc = jc * i
  Next
  Print n; "! = "; jc
End Sub
```

第(3)题

```vb
Private Sub Form_Click()
  Dim i%, sum%
  sum = 0
  For i = 1 To 100
    If i Mod 5 = 0 And i Mod 7 <> 0 Then
        sum = sum + i
    End If
```

```
      Next
      Print "1 到 100 之间能被 5 整除,但不能被 7 整除的所有数的和为: "; sum
   End Sub
```

第(4)题

```
   Private Sub Form_Click()
      Dim i%, js&, sum&
      jc = 1: sum = 0
      For i = 1 To 10
        jc = jc * i
        sum = sum + jc
      Next
      Print "1! + 2! + … + 10! = "; sum
      sum = 0
      For i = 2 To 10 Step 2
        jc = 1
        For j = 1 To i
          jc = jc * j
        Next
        sum = sum + jc
      Next
      Print "2! + 4! + … + 10! = "; sum
   End Sub
```

第(5)题

```
   Private Sub Form_Click()
      Dim i%, g%, s%, b%
      For i = 100 To 999
        g = i Mod 10
        s = i \ 10 Mod 10
        b = i \ 100
        If g^3 + s^3 + b^3 = i Then
           Print i; "   ";
        End If
      Next
   End Sub
```

第(6)题

```
   Private Sub Form_Click()
      Dim i%, sum!, t!
      t = 2: sum = 0
      For i = 1 To 20
        sum = sum + t
        t = 1 + 1 / t
      Next
      Print "前 20 项和为: "; sum
   End Sub
```

第(7)题

```vb
Private Sub Command1_Click()
  Dim i%, zs!, fs!, x!
  zs = 0: fs = 0
  For i = 1 To 10
    x = InputBox("请输入 X 的值")
    If x > 0 Then zs = zs + x
    If x < 0 Then fs = fs + x: Text1 = Text1 & " " & x
  Next
  Text2 = zs
  Text3 = fs
End Sub
```

第(8)题

```vb
Private Sub Form_Click()
  Dim i%, M%, N%
  M = Val(Text1.Text)
  N = Val(Text2.Text)
  If M > N Then i = M: M = N: N = i
  For i = M To 1 Step -1
    If M Mod i = 0 And N Mod i = 0 Then
      Text3.Text = i
      Exit For
    End If
  Next
  Text4.Text = N * M / i
End Sub
```

第(9)题

```vb
Private Sub Form_Click()
  Dim e!, jc!, i%
  e = 1: jc = 1: i = 1
  Do
    e = e + 1 / jc
    i = i + 1
    jc = jc * i
  Loop While 1 / jc > 0.00001
  Print e
End Sub
```

第(10)题

```vb
Private Sub Command1_Click()
  Dim i%, n%, t%, s!
  n = Val(Text1.Text)
  t = -1
  s = 0
  For i = 1 To n
    t = t * (-1)
```

```
      s = s + t / (2 * i - 1)
    Next i
    s = 4 * s
    Text2.Text = s
  End Sub
  Private Sub Command2_Click()
    End
  End Sub
```

第(11)题

```
Private Sub Form_Click()
  For i = 1000 To 9999
    sw = i \ 10 Mod 10
    bw = i \ 100 Mod 10
    s = bw * 10 + sw
    If s ^ 2 = i Then
      Print i
      Sum = Sum + i
    End If
  Next i
  Print Sum
End Sub
```

第(12)题

```
Private Sub C1_Click()
  Dim s1 As String, s2 As String
  Dim a%, b%, c%, i%
  a = 0: b = 0: c = 0
  s1 = Trim(T1.Text)
  For i = 1 To Len(s1)
    s2 = Mid(s1, i, 1)
    If s2 >= "A" And s2 <= "Z" Or s2 >= "a" And s2 <= "z" Then
      a = a + 1
    ElseIf s2 >= "0" And s2 <= "9" Then
      b = b + 1
    Else
      c = c + 1
    End If
  Next i
  T2.Text = a: T3.Text = b: T4.Text = c
End Sub
```

第(13)题

```
Private Sub Command1_Click()
  Dim n%, i%, a!, b!, c!, k%
  n = Val(Text1.Text)
  a = 1: b = 1: k = 2
  If n = 1 Then Print a,
  If n >= 2 Then
```

```
        Print a, b,
        For i = 3 To n
          c = a + b
          Print c,
          k = k + 1
          If k Mod 5 = 0 Then Print
          a = b
          b = c
        Next i
    End If
End Sub
```

第(14)题

```
Private Sub Form_Click()
  Dim i%, j%
  Print Tab(25); "九九乘法表"
  Print " * ";
  For i = 1 To 9
    Print Tab(i * 6); i;
  Next
  Print
  For i = 1 To 9
    Print i;
    For j = 1 To i
      Print Tab(j * 6); Str(i * j);
    Next
    Print
  Next
End Sub
```

第(15)题

```
Private Sub Command1_Click()
  Dim s&, i%, j%
  Print:
  Print Tab(5); "连续和为 1250 的正整数是: "
  For i = 1 To 500
    s = 0
    For j = i To 500
      s = s + j
      If s = 1250 Then
        Print Tab(5); i; "～"; j
        Print:
        Exit For
      End If
    Next j
  Next i
End Sub
```

第(16)题

```
Private Sub Form_Click()
  For i = 100 To 200
    s = 0
    For j = 2 To i / 2
      If i Mod j = 0 Then
        Print i;
        n = n + 1
        If n Mod 5 = 0 Then Print
        Sum = Sum + i
        Exit For
      End If
    Next j
  Next i
End Sub
```

第(17)题

```
Private Sub Form_Click()
  l = 1
  For i = 10 To 20
    For j = 2 To i / 2
      If i Mod j = 0 Then Exit For
    Next j
    If j > i / 2 Then
      Print i
      l = l * i
    End If
  Next i
  Print l
End Sub
```

第(18)题

```
Private Sub Form_Click()
  For i = 500 To 1 Step − 1
    s = 0
    For j = 1 To i / 2
      If i Mod j = 0 Then
        s = s + j
      End If
    Next j
    If i = s Then Sum = i: Exit For
  Next i
  Print "500 以内最大完数 = "; Sum
End Sub
```

第(19)题

```
Private Sub Command1_Click()
  For i = 10 To 99
```

```
    For j = 10 To 99
      qz = (i Mod 10) * 10 + i \ 10
      hz = (j Mod 10) * 10 + j \ 10
      If i + j = qz + hz Then
        Print i; "+"; j; "="; qz; "+"; hz,
        n = n + 1
        If n Mod 2 = 0 Then Print
      End If
    Next j
  Next i
End Sub
```

二、练习题 4 参考答案

选择题
1~5　BDDBC　　　6~10　DABDA　　　11~15　DBCBC　　　16~20　CABDD

填空题
1. for,while,do while|until…loop
2. n>max,n<min,s−max−min
3. i<=k,flog=0,n
4. i=1,i=i+1
5. text1.text,m=0,m
6. n,1
7. 4
8. Right(a,i)
9. BBABBA
10. 18
11. swit=0,n mod i=0,i=i+1
12. score<>−1,score,end select
13. num1<num2,b<>0,b=temp
14. ch<>"?","A" to "Z",loop
15. 2*i+1,print"";,print
16. star,6−i,;
17. sum,0,sum+x

改错题
1. swit=1 → swit=0、swit=0 → swit=0 and i<=n、i=i−1 → i=i+1
2. print spc(n) → print spc(n);、n=n+1 → n=n−1、m=m−1 → m=m+1
3. k=0 → k=1、s=0 → s=1、next → loop
4. i=1 → i=0、print → print;、step I → next x
5. for j=1 to i−1 → for j=2 to i−1、print i;tab(10); → print I;spc(10);、
if k mod 5=0 then print; → if k mod 4=0 then print

实验 5 参考答案

一、实验参考答案

第(1)题

```
Private Sub Form_Click()
  Dim a%(20), i%
  Print
  Print "已知数组值"
  For i = 1 To 20
    a(i) = Int(Rnd * 100)

    If n Mod 5 = 0 Then
      Print
      t = 1
    End If
    Print Tab(5 * t); a(i);
    n = n + 1
    t = t + 1
  Next i
  Print
  Print
  Print "偶数数组值"
  For i = 1 To 20

    If a(i) Mod 2 = 0 Then
     If n Mod 5 = 0 Then
       Print
       t = 1
     End If
      Print Tab(5 * t); a(i);
      n = n + 1
      t = t + 1
    End If
  Next i
End Sub
```

第(2)题

```
Private Sub Form_Click()
  Dim a%(10), i%, t%
  Print "原数组元素为："
  For i = 1 To 10
    a(i) = Int(Rnd * 100)
    If n Mod 5 = 0 Then
      Print
```

```
            t = 0
        End If
        Print Tab(5 * t); a(i);
        t = t + 1
        n = n + 1
    Next
    For i = 1 To 5
        t = a(i): a(i) = a(11 - i): a(11 - i) = t
    Next i
    Print
    Print
    Print "排序后数组元素为: "
    For i = 1 To 10
        If n Mod 5 = 0 Then
            Print
            t = 0
        End If
        Print Tab(5 * t); a(i);
        t = t + 1
        n = n + 1
    Next
End Sub
```

第(3)题

```
Private Sub Command1_Click()
    Dim a%(15), i%, max%, min%, aver!
    For i = 1 To 15
        a(i) = InputBox("请输入" & "第" & i & "个数据")
        If n Mod 5 = 0 Then
            Print
            t = 0
        End If
        Print Tab(5 * t); a(i);
        n = n + 1
        t = t + 1
    Next
    max = a(1): min = a(1): aver = 0
    For i = 1 To 15
        aver = aver + a(i) / 15
        If a(i) > max Then max = a(i)
        If a(i) < min Then min = a(i)
    Next i
    Print
    Print
    Print "最大值 = : "; max
    Print "最小值 = : "; min
    Print "平均值 = : "; aver
End Sub
```

第(4)题

```
Private Sub Command1_Click()
  Randomize
  Dim a%(10), i%, j%, t%
  For i = 1 To 10
    a(i) = InputBox("请输入第" & i & "个数")
    If n Mod 5 = 0 Then
      Print
      t = 0
    End If
    Print Tab(5 * t); a(i);
    n = n + 1
    t = t + 1
  Next
  Print
  For i = 1 To 9
    For j = 1 To 10 - i
      If a(j) > a(j + 1) Then
        t = a(j): a(j) = a(j + 1): a(j + 1) = t
      End If
    Next j
  Next i
  Print
  Print "排序后的数组 "
  For i = 1 To 10
    If n Mod 5 = 0 Then
      Print
      t = 0
    End If
    Print Tab(5 * t); a(i);
    n = n + 1
    t = t + 1
  Next
End Sub
```

第(5)题

```
Private Sub Form_Click()
  Dim a(4, 4) As Integer, i%, j%, s%
  Randomize
  s = 0
  Print
  Print "矩阵为: "
  Print
  For i = 1 To 4
    For j = 1 To 4
      a(i, j) = Int(Rnd * 10)
      Print a(i, j);
    Next j
    Print
```

```
      Next i
      For i = 1 To 4
        For j = 1 To 4
          If i = j Then s = s + a(i, j)
        Next j
      Next i
      Print
      Print "对角线元素和为: ";
      Print s
    End Sub
```

第(6)题

```
Private Sub Command1_Click()
Dim i%, j%, K%
Print
Print
For i = 1 To 6
    Print Spc(18 - 3 * i);
    For j = 1 To i
      Print j;
    Next
    For K = i - 1 To 1 Step -1
        Print K;
    Next
  Print
Next
End Sub
```

第(7)题

```
Private Sub Command1_Click()
  Dim a(10, 10) As Integer, i%, j%
  Print
  For i = 1 To 10
    For j = 1 To i
      If i = j Or j = 1 Then
        a(i, j) = 1
      Else
        a(i, j) = a(i - 1, j - 1) + a(i - 1, j)
      End If
      Print Tab(5 * (j - 1)); a(i, j);
    Next j
    Print
  Next i
End Sub
```

第(8)题

```
Private Sub Command1_Click()
P1.Cls
For i = 1 To 4
```

```
    For j = 1 To 4
      a(i, j) = Int(Rnd * (10))
      P1.Print a(i, j);
    Next
    P1.Print
Next
End Sub
Private Sub Command2_Click()
flag = 0
x = Val(InputBox("请输入数据："))
For i = 1 To 4
  For j = 1 To 4
    If a(i, j) = x Then
        P2.Print a(i, j); "在第" & i & "行"; "在第" & j & "列"
        flag = 1
    End If
  Next
Next
If flag = 0 Then
MsgBox "没有找到数据"
End If
End Sub
```

第(9)题

```
Private Sub Command1_Click()
Cls
n = Val(InputBox("请输入学生的人数个数", "人数个数输入"))
ReDim a(n), b(n)
  Print
Print "姓名", "成绩"
For i = 1 To n
  b(i) = InputBox("第" & i & "名学生的姓名为：", "请输入学生的姓名")
  a(i) = Val(InputBox("第" & i & "名学生的成绩为：", "请输入学生的成绩"))
  Print b(i), a(i)
Next
End Sub
Private Sub Command2_Click()
Max = a(1)
k = b(1)
s = 1
For i = 1 To n
  If a(i) > Max Then
      Max = a(i)
      k = b(i)
  End If
  s = s + a(i)
Next
Print
Print "平均成绩："; s \ n
Print
```

```
Print "学号为: "; k; "最高分: "; Max
End Sub
```

第(10)题

```
Private Sub Command2_Click()
ReDim a(10)
Randomize (Timer)
Text1.Text = ""
Text2.Text = ""
'生成数组
For i = LBound(a) To UBound(a)
    a(i) = Int(Rnd * (99 - 10 + 1) + 10)
    Text1.Text = Text1.Text & " " & a(i)
Next
'应用冒泡法给数组排序
For i = 1 To 9
    For j = 1 To 10 - i
        If a(j) > a(j + 1) Then
            t = a(j): a(j) = a(j + 1): a(j + 1) = t
        End If
    Next
Next
'显示排序后的数组
For i = LBound(a) To UBound(a)
    Text2.Text = Text2.Text & " " & a(i)
Next
End Sub
Private Sub Command1_Click()
Text3.Text = ""
'插入数据
ReDim Preserve a(11)
n = Val(InputBox("插入数据"))
'对排列好的数组中数据进行比较
For i = 1 To 10
    If a(i) > n Then
        'n应该出现的位置,a(i)后的所有数据依次后移
        For j = 10 To i Step -1
            a(j + 1) = a(j)
        Next
        a(i) = n
        Exit For
    Else
        a(11) = n
    End If
Next
'打印插入数据后的数组
For i = 1 To 11
    Text3.Text = Text3.Text & " " & a(i)
Next
End Sub
```

第(11)题

```
Private Sub Command1_Click()
Dim a(1 To 26) As Integer, c As String * 1
le = Len(Text1.Text)
For i = 1 To le
c = UCase(Mid(Text1.Text, i, 1))
If c >= "A" And c <= "Z" Then
    j = Asc(c) - 65 + 1
    a(j) = a(j) + 1
  End If
Next
i = 0
For j = 1 To 26
  If a(j) > 0 Then
    P1.Print ""; Chr(j + 64); "="; a(j);
    i = i + 1
    If i Mod 3 = 0 Then
      P1.Print
    End If
  End If
Next
End Sub
```

二、练习题 5 参考答案

选择题

1~5 AC(CDF)DB   6~10   AADCA

填空题

1. 二,6,1,2,-1,1

2. 应用过程,Redim

3. x(1 to 20)

4. (i,j),(i,i),(i,5-i)

5. -1 6

6. exit for,i<=10,a(k)=a(k+1)

改错题

1. for k=x to 10 → for k=x to 9、a(k)=a(k-1) →a(k)=a(k+1) End → End if

2. if n=m then → if n=m or m+n=4 then 、next n,m → next m,n,print x(m,n) → print x(m,n);

3. for j=I to 9 → for j=I to 10-i,if a(j)>a(i) then → if a(j)>a(j+1) then、a(j)=a(i) → a(j)=a1

实验 6 参考答案

一、实验参考答案

第(1)题

```vb
Private Sub C1_Click()
Cls
 xh = Array("001", "002", "003", "004")
 xm = Array("李元", "张其", "王冰", "刘艳")
 cj = Array(45, 84, 63, 92)
 Print
 Print "学生成绩表"
 Print
 Print "学号", "姓名", "成绩"
 For i = 1 To 4
    Print xh(i), xm(i), cj(i)
 Next
End Sub
Private Sub C2_Click()
Cls
For i = 1 To 4
    s = s + cj(i)
Next
aver = s / 4
Print
Print "平均分: ", aver
Print
Print "高于平均分的学生信息: "
Print "学号", "姓名", "成绩"
For i = 1 To 4
   If cj(i) > aver Then
      Print xh(i), xm(i), cj(i)
   End If
Next
End Sub
```

第(2)题

```vb
Private Sub Command1_Click()
  Dim i%, j%
  Picture1.Cls
  Picture2.Cls
  Picture3.Cls
  For i = 1 To 4
    For j = 1 To 4
      a(i, j) = Int(Rnd * 90 + 10)
```

```
          Picture1.Print a(i, j); " ";
          b(i, j) = Int(Rnd * 90 + 10)
          Picture2.Print b(i, j); " ";
      Next
      Picture1.Print
      Picture2.Print
    Next
End Sub
Private Sub Command2_Click()
   Dim c(4, 4) As Integer, i%, j%
   Picture3.Cls: Picture3.Print
   Picture3.Print "矩阵 A、B 相加存入 C" & vbCr; vbCr; "矩阵 C 为: "
   Picture3.Print
   For i = 1 To 4
     For j = 1 To 4
        c(i, j) = a(i, j) + b(i, j)
        Picture3.Print c(i, j);
     Next
     Picture3.Print
   Next
End Sub
Private Sub Command3_Click()
Dim c(4, 4) As Integer, i%, j%
Picture3.Cls
Picture3.Print "矩阵 A 转置(行列互换)": Picture3.Print
For i = 1 To 4
  For j = 1 To 4
     c(i, j) = a(j, i)
     Picture3.Print c(i, j);
  Next
  Picture3.Print
Next
End Sub
Private Sub Command4_Click()
   Dim i%, j%
   Picture3.Cls: Picture3.Print
   Picture3.Print "矩阵 A 下三角"
   For i = 1 To 4
     For j = 1 To i
       Picture3.Print a(i, j);
     Next
     Picture3.Print
   Next
   Picture3.Print vbCr; "矩阵 B 上三角:"
   For i = 1 To 4
     Picture3.Print Spc((i - 1) * 4);
     For j = i To 4
       Picture3.Print b(i, j);
     Next
     Picture3.Print
   Next
```

```
  End Sub
  Private Sub Command5_Click()
    Dim i%, sum%
    Picture3.Cls
    Picture3.Print "矩阵A左上右下对角元素："
    sum = 0
    For i = 1 To 4
      Picture3.Print Spc((i - 1) * 2);
      Picture3.Print a(i, i);
      sum = sum + a(i, i)
    Next
    Picture3.Print "元素之和 = "; sum; vbCr
    Picture3.Print "矩阵A右上左下对角元素："
    sum = 0
    For i = 1 To 4
      Picture3.Print Spc((i - 1) * 2);
      Picture3.Print a(5 - i, i);
      sum = sum + a(5 - i, i)
    Next
    Picture3.Print "元素之和 = "; sum; vbCr
  End Sub
  Private Sub Command6_Click()
    Dim i%, j%, k%, d(1 To 16) As Integer
    Picture3.Cls: Picture3.Print
    Picture3.Print "将矩阵A按列存入一维数组D" & vbCr
    Picture3.Print "D数组各元素为：" & vbCr
    For i = 1 To 4
      For j = 1 To 4
        k = (i - 1) * 4 + j
        d(k) = a(j, i)
        Picture3.Print d(k);
        If k Mod 8 = 0 Then Picture3.Print
      Next
    Next
  End Sub
```

第(3)题

```
Private Sub Command1_Click()
If List1.ListIndex <> - 1 Then
    List2.AddItem List1.Text
    List1.RemoveItem List1.ListIndex
Else
    MsgBox "请选择城市！"
End If
End Sub
Private Sub Form_Load()
List1.AddItem "北京"
List1.AddItem "天津"
List1.AddItem "大连"
List1.AddItem "上海"
```

```
List1.AddItem "广 州"
End Sub
Private Sub List2_DblClick()
List1.AddItem List2.Text
List2.RemoveItem List2.ListIndex
End Sub
```

第(4)题

```
Private Sub Command1_Click()
Cls
If Text1.Text <> "" Then
    Combo1.AddItem Text1.Text
    Text1.Text = ""
Else
   MsgBox "请输入项目内容!"
End If
End Sub


Private Sub Command2_Click()

If Text1.Text = "" Then
    Print Combo1.ListCount
Else
    MsgBox "请先添加项目内容,再做统计!"
End If
End Sub
```

第(5)题

```
Private Sub Command1_Click()
If Option1.Value = True Then
    If Text1.Text = "" Then
        MsgBox "未输入或未选择项目!"
    Else
        List1.AddItem Text1.Text
        Text1.Text = ""
        List1.ListIndex = -1
    End If
ElseIf Option2.Value = True Then
    If List1.ListIndex <> -1 Then
        List1.RemoveItem List1.ListIndex
        List1.ListIndex = -1
    Else
        MsgBox "未输入或未选择项目!"
     End If
Else
   MsgBox "请选择操作!"
End If
End Sub
```

第(6)题

```
Private Sub Command1_Click()
a = Val(InputBox("输入数据:", "输入数据"))
If a < 0 Or a > 5000 Then
    MsgBox "输入的数据不符合要求!"
Else
    Label2.Caption = "输入的数据是:" & a
End If
End Sub
Private Sub Command2_Click()
If Combo1.ListIndex <> - 1 Then
    b = Val(Combo1.Text)
        For i = 1 To a
      If i Mod b = 0 Then
        s = s + i
      End If
    Next
  Else
    MsgBox "请选择整除项目数据!"
End If
Label1.Caption = "1到" & a & "中能被" & b & "整除的数据之和为:"
Text1.Text = s
End Sub
```

第(7)题

```
Private Sub Command1_Click()
  Dim i%
  For i = 1 To 10
    List1.AddItem Int(Rnd * 90) + 10
  Next
End Sub
Private Sub Command2_Click()
  Dim i%
  Do While i < List1.ListCount - 1
    If List1.List(i) Mod 2 = 0 Then
      List2.AddItem List1.List(i)
      List1.RemoveItem i
    Else
      i = i + 1
    End If
  Loop
End Sub
Private Sub Command3_Click()
  Dim i%
  Do While i < List2.ListCount
    List1.AddItem List2.List(i)
    List2.RemoveItem i
  Loop
End Sub
```

```
Private Sub Command4_Click()
  List1.Clear
  List2.Clear
End Sub
Private Sub Command5_Click()
  End
End Sub
Private Sub List1_DblClick()
  Command2_Click
End Sub
Private Sub List2_DblClick()
  Command3_Click
End Sub
```

第(8)题

```
Private Sub Command1_Click()
s1 = "您选择的是："
If List1.ListIndex <> - 1 Then
    If Op1.Value = True Then
      s1 = s1 + List1.Text + " " + Op1.Caption
    ElseIf Op2.Value = True Then
      s1 = s1 + List1.Text + " " + Op2.Caption
    Else
      MsgBox "请选择考试类型！"
      s1 = ""
    End If
  Else
    MsgBox "请选择考试科目！"
    s1 = ""
End If
Text1.Text = s1
End Sub
Private Sub Form_Load()
List1.AddItem "Visual Basic"
List1.AddItem "Turbo C"
List1.AddItem "C++"
List1.AddItem "Java"
End Sub
```

二、练习题 6 参考答案

选择题

1～5 BBDBB   6～10 DDACA   11～14 AABD

填空题

1. S(i,j)＝1,s(i,j)＝0,s(i,j);

2. 5,0,5

3. 1234

4. i＋1 to 4,t＝a(i),next j

5. a(i)＝int(rnd * 200＋100),a(i) mod 7 ＝0,endif

6. ReDim mat(1 to n,1 to m),mat(I,j)＞max,row＝i

7. Next i,b(j,i)＝a(i,j),print

8. Step －1,work＝false, exit for

9. a(0)＝x,a(i＋1)＝a(i),a(i＋1)＝x

实验 7 参考答案

一、实验参考答案

第(1)题

```
Private Sub Command1_Click()
    Dim x As Integer
    Cls
    x = Val(InputBox("请输入一个被判定的数", "素数判定问题"))
    If prime(x) Then
        Print x; "是素数!"
    Else
        Print x; "不是素数!"
    End If
End Sub
Public Function prime(n%) As Boolean
    Dim i As Integer
    prime = True
    For i = 2 To Sqr(n)
        If n Mod i = 0 Then
            prime = False
            Exit Function
        End If
    Next i
End Function
```

第(2)题

```
Private Sub Command1_Click()
    Dim x As Integer, y As Integer
    Cls
    x = Val(InputBox("请输入一个数："))
    Call pd(x, y)
    If y = 1 Then
        Print x & "是偶数!"
    Else
        Print x & "是奇数!"
    End If
End Sub
```

```
Public Sub pd(x As Integer, y As Integer)
    If x Mod 2 = 0 Then
        y = 1
    Else
        y = 0
    End If
End Sub
```

第(3)题

```
Private Sub Command1_Click()
Dim i As Integer, x As Integer, n As Integer, a() As Integer
Randomize
n = Val(InputBox("请指定数组的长度: "))
ReDim a(1 To n)
For i = 1 To n
    a(i) = Int(Rnd() * 90 + 10)
    Picture1.Print a(i);
Next i
x = Val(InputBox("请输入一个被插入的数: "))
Call tj(a, x)            '调用添加数据的过程实现数据的插入
For i = 1 To n + 1
    Picture2.Print a(i);
Next i
End Sub
Public Sub tj(a() As Integer, x As Integer)
    Dim i As Integer, n As Integer
    n = UBound(a)
    ReDim Preserve a(1 To n + 1)
    a(n + 1) = x
End Sub
```

第(4)题

```
Public Function jc(x As Integer) As Long
    Dim i%
    jc = 1
    For i = 1 To x
        jc = jc * i
    Next i
End Function
Private Sub Command1_Click()
    Dim n%, m%, t1&, t2&, t3&
    Do
        n = Val(InputBox("请输入第一个数:"))
        m = Val(InputBox("请输入第二个数:"))
    Loop Until m <= n
    t1 = jc(n)
    t2 = jc(m)
    t3 = jc(n - m)
    Print "n = "; n
    Print "m = "; m
```

```
    Print "结果是: "; t1 / (t2 * t3)
End Sub
```

第(5)题

```
Private Sub Command1_Click()
    Label2.Caption = cir(10) - cir(5) - cir(3) & "平方厘米"
    End Sub
    Private Sub Form_Load()
    Label1.Caption = "大圆的半径是 10cm" & Chr(13) & Chr(10) & _
    "小圆的半径是 5cm" & Chr(13) & Chr(10) & "小圆的半径是 3cm"
    Label2.Caption = ""
End Sub
Public Function cir(r As Integer)
    Const pi = 3.14
    cir = pi * r ^ 2
End Function
```

第(6)题

```
Private Sub Command1_Click()
    Dim i As Integer
    For i = 500 To 1500
        If pd(i) = True Then
           Picture1.Print i
        End If
    Next
End Sub
Public Function pd(x As Integer) As Boolean
    If x Mod 17 = 0 And x Mod 37 = 0 Then
        pd = True
    Else
        pd = False
    End If
End Function
```

第(7)题

```
Private Sub Command1_Click()
    Dim a%(1 To 10), max%, i%
    Randomize
    For i = 1 To 10
        a(i) = Int(Rnd * 100 + 1)
        Print a(i);
    Next
    max = a(1)
    Print
    For i = 2 To 10
        max = zd(max, a(i))
    Next
    Print "最大值是: "; max
End Sub
```

```
Public Function zd(x As Integer, y As Integer) As Integer
    If x > y Then
        zd = x
    Else
        zd = y
    End If
End Function
```

第(8)题

```
Private Sub Command1_Click()
    Dim a() As Integer, i As Integer, k As Integer, n As Integer
    Dim temp As Integer, flag As Boolean
    Randomize
    ReDim a(1)
    a(1) = Int(100 * Rnd + 1)
    k = 1
    n = InputBox("希望生成随机数的数目: ")
    For i = 2 To n
        flag = False
    Do
            temp = Int(100 * Rnd + 1)
            Call bj(a, temp, flag)
    Loop Until flag = True
        k = k + 1
        ReDim Preserve a(k)
    a(k) = temp
    Next
    Print k; "个互不相同的整数为: "
    For i = 1 To k
        Print a(i);
        If i Mod 10 = 0 Then Print
    Next
End Sub
Private Sub bj(b() As Integer, x As Integer, y As Boolean)
    Dim n As Integer, i As Integer
    n = UBound(b)
    For i = 1 To n
        If b(i) = x Then Exit Sub
    Next
    y = True
End Sub
```

第(9)题

```
Private Function TranDec(ByVal iDec As Integer, ByVal Ibase As Integer) As String
    Dim idecr(60) As Integer              '存放不断除某进制数后得到的余数
    Dim iB As Integer, i As Integer
    Dim strDecR As String * 60            '存放转换成某进制数后的字符串
    Dim strBase As String * 16
    strBase = "0123456789ABCDEF"
    i = 0
```

```
        Do While iDec <> 0
            idecr(i) = iDec Mod Ibase:iDec = iDec \ Ibase:i = i + 1
        Loop
        strDecR = " ":i = i - 1
        Do While i >= 0
            iB = idecr(i)
            strDecR = RTrim $ (strDecR) + Mid $ (strBase, iB + 1, 1)
            i = i - 1
        Loop
        TranDec = strDecR
End Function
Private Sub Command1_Click()
    Dim idec0 As Integer, ibae0 As Integer, i As Integer
    idec0 = Val(Text1.Text)
    ibase0 = Val(Text2.Text)
    If ibase0 < 2 Or ibase0 > 16 Then
        i = MsgBox("输入的 R 进制数超出范围", vbRetryCancel)
        If i = vbRetry Then
            Text2.Text = "": Text2.SetFocus
        Else
            End
        End If
    Else
        Label3.Caption = "转换成" + Text2.Text + "进制数"
        Text3.Text = TranDec(idec0, ibase0)
    End If
End Sub
```

第(10)题

```
Private Sub Command1_Click()
    Print "第 5 个人的年龄是" & age(5) & "岁!"
End Sub
Function age(n As Integer) As Integer
    If n = 1 Then
        age = 8
    Else
        age = age(n - 1) + 2
    End If
End Function
```

二、练习题 7 参考答案

选择题

1~5　CBCAA　　　6~10　CBDAA

填空题

1. Public　　　　　　　2. 值传递,地址传递

3. 200　　　　　　　　4. 1　3　4

5. 1 34　　　　6. 15　　6
7. 1 0，2 1　　8. 子程序 6 8 4，主程序 6 4 3
9. 654321　　　　10. 15　31　63

实验 8 参考答案

一、实验参考答案

第(1)题

【提示】建立工程，在窗体上放置一个列表框和一个形状控件，在"属性"窗口中按下表所示设置属性。

窗体或控件	属 性 名	属 性 值	说　　明
窗体 Form1	Caption	图形控件	
列表框	名称	L1	
	List	1 2 3 4 5	输入时，按 Ctrl＋回车可以直接换行

在"代码窗口"中编写事件过程代码如下：

```
Private Sub L1_Click()
    Shape1.Shape = L1.Text
End Sub
```

第(2)题
【提示】

```
Private Sub Command1_Click()
    Timer1.Enabled = True
End Sub

Private Sub Command2_Click()
'    Timer1.Enabled = false
End Sub

Private Sub Form_Load()
'    Timer1.Interval = 500
End Sub

Private Sub Timer1_Timer()
    Picture1.Left = Picture1.Left + 200
'    If Picture1.Left > Form1.Width Then
```

```
'        Picture1.Left = 0
      End If
      HScroll1.Value = Picture1.Left
End Sub
```

第(3)题
【提示】

```
Private Sub C1_Click()
    P3.Picture = P1.Picture
    P1.Picture = P2.Picture
    P2.Picture = P3.Picture
End Sub
Private Sub C2_Click()
    P1.Picture = LoadPicture()
    P2.Picture = LoadPicture()
End Sub
```

第(4)题
【提示】

```
Private Sub form_Load()
    P2.Picture = LoadPicture(app.path + "\pic2.bmp")
End Sub
Private Sub Command1_Click()
    Scroll1.Min = 100
    Scroll1.Max = 3000
    Scroll1.SmallChange = 10
    Scroll1.LargeChange = 100
End Sub
Private Sub Scroll1_Change()
    Image1.Width = Scroll1.Value
End Sub
```

第(5)题
【提示】

```
Private Sub C1_Click()
    C1.Enabled = False
    C2.Enabled = True
    Timer1.Enabled = True
End Sub
Private Sub C2_Click()
    C2.Enabled = False
    C1.Enabled = True
    C1.Caption = "继续"
    Timer1.Enabled = False
End Sub
Private Sub Form_Load()
    C1.Caption = "开始"
```

```
    C2.Caption = "停止"
    L1.Caption = "热烈欢迎"
    L1.FontSize = 16
    L1.FontBold = True
    Timer1.Interval = 1000
    L1.Left = 0
End Sub
Private Sub Timer1_Timer()
    If  L1.Left <= Form1.Width Then
      L1.Left = L1.Left + 50
    Else
      L1.Left = 0
    End If
End Sub
```

第(6)题

【提示】

```
Private Sub Timer1_Timer()
    Static i
    If i <= List1.ListCount - 1 Then
      Text1.Text = List1.List(i)
      i = i + 1
    Else
      i = 0
    End If
End Sub
```

第(7)题

【略】

二、练习题 8 参考答案

选择题

1~5   DCBDA   6~9   ABBB

填空题

1. 1000， True， Time

2. Picture1.picture＝loadpicture("c:\Windows\picfile.jpg")

3. Picture1.move 200，100，picture1.width * 1/2，picture1.height * 1/2

4. Picture1.picture＝loadpicture("")

5. Largechange

6. 15000

7. Enabled

实验 9 参考答案

一、实验参考答案

第(1)题

【提示】建立工程,在窗体上放置一个图片框,在"属性"窗口中设置其名称属性为"P1"。选择"工具"菜单中的"菜单编辑器",在"菜单编辑器"的"标题"栏中输入"操作","名称"栏中输入 Op,单击"下一个"按钮,再单击编辑区中的"→"按钮,产生内缩符号,建立其子菜单,在"标题"栏中输入"显示","名称"栏中输入"Dis",单击"下一个"按钮,在"标题"栏中输入"清除","名称"栏中输入"Clea",单击"确定"按钮即可建立菜单。

在"代码窗口"中编写事件过程代码如下:

```
Private Sub Dis_Click()
    P1.Print "等级考试"
End Sub

Private Sub Clea_Click()
    P1.Cls
End Sub
```

最后,保存窗体和工程文件即可。

第(2)题

【提示】建立工程,选择"工具"菜单中的"菜单编辑器",在"菜单编辑器"的"标题"栏中输入"文件","名称"栏中输入 file,单击"下一个"按钮,在"标题"栏中输入"编辑","名称"栏中输入 edit,单击"下一个"按钮,再单击编辑区的"→"按钮,产生内缩符号,建立其子菜单,在"标题"栏中输入"剪切","名称"栏中输入 cut,单击"下一个"按钮,在"标题"栏中输入"复制","名称"栏中输入 copy,单击"下一个"按钮,在"标题"栏中输入"粘贴","名称"栏中输入 paste,去除该菜单项"有效"前的选中标记,最后单击"确定"按钮即可建立菜单。

第(3)题

【提示】建立工程,选择"工程"菜单中"部件"菜单,在弹出的部件对话框中选定"控件"选项卡中的 Microsoft Common Dialog Control 6.0(其前面应有√)并单击"确定",在工具箱中出现 CommonDialog 控件图标,在窗体上放置一个通用对话框和一个命令按钮。在"属性"窗口中按下表所示设置属性。

窗体或控件	属 性 名	属 性 值	说 明
通用对话框	名称	CD1	
	Filter	所有文件|*.*|*.Doc|*.doc	
	FilterIndex	2	
命令按钮 Command1	Caption	打开	

在"代码窗口"中编写事件过程代码如下：

```
Private Sub Command1_Click()
 CD1.ShowOpen
End Sub
```

最后，保存窗体和工程文件即可。

第(4)题

【提示】

```
Private Sub Command1_Click()                      '显示图片
    Text1.Text = ""
    With CommonDialog1
        .DialogTitle = "选择图片"
        .InitDir = "d:\VB 6.0 实验指导书"
        .Filter = "所有文件(*.*)|*.*|BMP files|*.bmp|JPG files|*.jpg|GIF filse|*.gif"
        .FilterIndex = 3
        .ShowOpen
        Image1.Picture = LoadPicture(.FileName)
    End With
End Sub
Private Sub Command2_Click()                      '设计字体
    With CommonDialog1
        .Flags = 259
        .ShowFont
        Text1.FontName = .FontName
        Text1.FontSize = .FontSize
        Text1.FontBold = .FontBold
        Text1.FontItalic = .FontItalic
        Text1.FontStrikethru = .FontStrikethru
        Text1.FontUnderline = .FontUnderline
        Text1.ForeColor = .Color
    End With
End Sub
Private Sub Command3_Click()                      '设置背景颜色
    With CommonDialog1
    .ShowColor
    Text1.BackColor = .Color
    End With
End Sub
Private Sub Command4_Click()          '将文本框的内容,保存到文件中(文件写入详见下一个实验)
    CommonDialog1.DefaultExt = "txt"
    CommonDialog1.ShowSave
    Open CommonDialog1.FileName For Output As #1
    Print #1, Text1.Text
    Close #1
End Sub
```

第(5)题

【提示】

```
Public x As Single, y As Single, z As Single      '标准模块中的代码
Private Sub Command1_Click()                        '成绩管理系统主窗体中的代码
    Form1.Hide
    Form2.Show
End Sub
Private Sub Command2_Click()
    Form1.Hide
    Form3.Show
End Sub
Private Sub Command3_Click()
    End
End Sub
Private Sub Command1_Click()                        '成绩录入窗体中的代码
    x = Val(Text1.Text)
    y = Val(Text2.Text)
    z = Val(Text3.Text)
    Form2.Hide
    Form1.Show
End Sub
Private Sub Command1_Click()                        '统计分数窗体中的代码
    Form3.Hide
    Form1.Show
End Sub
Private Sub Form_Activate()
    Text1.Text = Str(x + y + z)
    Text2.Text = Str((x + y + z) / 3)
End Sub
```

第(6)题

【提示】

```
Private Sub MFHt_Click()
    Text1.FontName = "黑体"
End Sub
Private Sub MFKt_Click()
    Text1.FontName = "楷体_GB2312"
End Sub
Private Sub MFLs_Click()
    Text1.FontName = "隶书"
End Sub
Private Sub MCBlue_Click()
    Text1.ForeColor = vbBlue
End Sub
Private Sub MCGreen_Click()
    Text1.ForeColor = vbGreen
End Sub
Private Sub MCRed_Click()
    Text1.ForeColor = vbRed
```

```
End Sub
Private Sub MS12_Click()
    Text1.FontSize = 12
End Sub
Private Sub MS16_Click()
    Text1.FontSize = 16
End Sub
Private Sub MS18_Click()
    Text1.FontSize = 18
End Sub
Private Sub Text1_MouseDown(Button As Integer, Shift As Integer, X As Single, Y As Single)
    If Button = 2 Then PopupMenu MStyle
End Sub
Private Sub MSGeneral_Click()
    Text1.FontBold = False
    Text1.FontItalic = False
End Sub
Private Sub MSItalic_Click()
    Text1.FontItalic = True
End Sub
Private Sub MSBold_Click()
    Text1.FontBold = True
End Sub
Private Sub MSBoldItalic_Click()
    Text1.FontBold = True
    Text1.FontItalic = True
End Sub
```

第(7)题

【提示】

```
Private Sub jf1_Click()
    Text3.Text = Val(Text1.Text) + Val(Text2)
End Sub
Private Sub jf2_Click()
    Text3.Text = Val(Text1.Text) - Val(Text2)
End Sub
Private Sub cf1_Click()
    Text3.Text = Val(Text1.Text) * Val(Text2)
End Sub
Private Sub cf2_Click()
    Text3.Text = ""
    If Val(Text2.Text) <> 0 Then
        Text3 = Val(Text1) / Val(Text2)
    Else
        m = MsgBox("除数不能为零!请在操作数 2 中输入一个非零数字!", vbRetryCancel)
        If m = vbRetry Then
          Text2.Text = ""
          Text2.SetFocus
        Else
          End
        End If
```

```
        End If
    End Sub
Private Sub jc_Click()
    Dim i%, jc1&
    Text3.Text = ""
    jc1 = 1
    If Val(Text1) >= 0 Then
    For i = 1 To Val(Text1)
        jc1 = jc1 * i
    Next
    Text3 = jc1
    End If
End Sub
Private Sub tx_Click()
    Picture1.Circle (900, 700), 300
End Sub
Private Sub qc_Click()
    Picture1.Picture = LoadPicture("")
    Text1.Text = ""
    Text2.Text = ""
    Text3.Text = ""
End Sub
Private Sub tc_Click()
    End
End Sub
```

第(8)题

【略】

二、练习题 9 参考答案

选择题

1~5 AACCD   6~10 BACAA   11~12 DC

填空题

1. 顶   2. Click

3. 菜单编辑器,顶   4. 下拉式,弹出式

5. Flags   6. PopupMenu

实验 10 参考答案

一、实验参考代码

第(1)题

```
Private Sub Option1_Click(Index As Integer)
    Shape1.Shape = Index
```

```
        Shape1.BorderStyle = Index + 1
        Shape1.FillStyle = Index + 2
    End Sub
    Private Sub Option2_Click(Index As Integer)
        Shape1.Shape = Index
        Shape1.BorderStyle = Index + 1
        Shape1.FillStyle = Index + 2
    End Sub
```
（其他略）

第(2)题

```
Private Sub Form_Click( )
    Const pi = 3.1416 / 180, a = 1000
    Line (800, 800) - Step(a, 0)
    Line - Step(-a * Cos(36 * pi), a * Sin(36 * pi))
    Line - Step(a * Sin(18 * pi), -a * Cos(18 * pi))
    Line - Step(a * Sin(18 * pi), a * Cos(18 * pi))
    Line - Step(-a * Cos(36 * pi), -a * Sin(36 * pi))
End Sub
```

第(3)题

```
Private Sub Form_Click(   )
    Const pi = 3.14159
    Circle (2150, 1200), 800, vbBlue, -pi / 6, -pi / 3, 3 / 5
    Circle (2000, 1300), 800, vbGreen, -pi / 3, -pi / 6, 3 / 5
    FillStyle = 0
    FillColor = RGB(0, 0, 255)
    Circle (900, 700), 300
    Circle (3000, 2000), 400, , , , 2
    Circle (4000, 3000), 400, , , , 1 / 3
End Sub
```

第(4)题

```
Option Explicit
Dim bPat As Byte
Private Sub Form_Load()
    bPat = 0
End Sub
Private Sub Form_Resize()
    If Height < 6000 Then Height = 6000
    If Width < 8000 Then Width = 8000
    Picture1.Move 15, 585, Width - 160, Height - 1000
    lblY.Move Picture1.Width / 2 + 20, 0
    lblX.Move Picture1.Width - lblX.Width - 60, _
    Picture1.Height / 2 - lblX.Height - 60
    '当窗体发生改变时重画坐标、函数曲线
    Picture1.Cls
    Pzb
    If bPat Then Pechs
End Sub
```

```
Private Sub cmdCls_Click()
    bPat = 0
    Picture1.Cls
    Pzb
End Sub
Private Sub cmdXsqx_Click()
    bPat = 1
    Picture1.Cls
    Pzb
    Pechs
End Sub
Private Sub Pechs()
    '画函数曲线
    Dim x As Single, y As Single
    Dim px As Long, py As Long
    x = -100
    Do Until x > 100
        y = Hsz(x)
        px = Picture1.Width - (Picture1.Width / 200) * (x + 100)
        py = Picture1.Height - (Picture1.Height / 200) * (y + 100)
        Picture1.PSet (px, py), RGB(0, 0, 255)
        x = x + 0.01
    Loop
End Sub
Private Sub Pzb()
    '画坐标
    Dim lnDw As Long
    Picture1.Cls
    Picture1.Line (0, Picture1.Height / 2) - (Picture1.Width, Picture1.Height / 2)
        Picture1.Line (Picture1.Width / 2, 0) - (Picture1.Width / 2, Picture1.Height)
    For lnDw = 0 To Picture1.Height Step Picture1.Height / 10
        Picture1.Line (Picture1.Width / 2 - 30, lnDw) - (Picture1.Width / 2 + 30, lnDw)
    Next
        For lnDw = 0 To Picture1.Width Step Picture1.Width / 10
        Picture1.Line (lnDw, Picture1.Height / 2 - 30) - (lnDw, Picture1.Height / 2 + 30)
    Next
End Sub
Private Function Hsz(x As Single) As Single
    Hsz = Val(txtA) * x ^ 2 + Val(txtB) * x + Val(txtC)
End Function
```

第(5)题

```
Private Sub Text1_KeyPress (KeyAscii As Integer)
    Dim aa As String * 1
    aa = Chr $ (KeyAscii)                          '将 ASCII 码转换成字符
    Select Case aa
        Case "A" To "Z"                            '大写转换成小写
            aa = Chr $ (KeyAscii + 32)
        Case "a" To "z"                            '小写转换成大写
            aa = Chr $ (KeyAscii - 32)
```

```
        Case " "
        Case Else
           aa = " * "
     End Select
```

'将转换文本框已有的内容与刚输入并转换的字符连

```
     Text2.Text = Text2.Text & aa
End Sub
Private Sub Command1_Click()
     Text1.Text = ""
     Text2.Text = ""
End Sub
Private Sub Command2_Click()
     End
End Sub
```

第(6)题

```
Private Sub Form_Load()
        Text1.Text = ""
        Text1.FontSize = 10
        Label1.FontSize = 12
        Label1.FontBold = True
        Label1.FontName = "隶书"
        Label1.Caption = "请输入口令……"
End Sub
Private Sub Text1_KeyPress(KeyAscii As Integer)
        Static pword As String
        Static counter As Integer
        Static numberoftries As Integer
        numberoftries = numberoftries + 1
        If numberoftries = 12 Then End
        counter = counter + 1
        pword = pword + Chr$(KeyAscii)
        KeyAscii = 0
        Text1.Text = String$(counter, " * ")
        If LCase$(pword) = "abcd" Then
            Text1.Text = ""
            pword = 0
            MsgBox "口令正确,继续……"
            counter = 0
            Print "continue……"
        ElseIf counter = 4 Then
            counter = 0
            pword = ""
            Text1.Text = ""
            MsgBox "口令不对,请重新输入"
        End If
End Sub
```

二、练习题 10 参考答案

选择题

1～5   DDCDD

实验 11 参考答案

一、实验参考答案

第 1 题

【提示】建立工程,在窗体上放置 1 个文本框和 3 个命令按钮,在"属性"窗口中按下表所示设置属性。

窗体或控件	属 性 名	属 性 值	说 明
文本框 Text1	MultiLine	True	
	ScrollBars	2-Vertical	
第一个命令按钮 Command1	Caption	取数	
第二个命令按钮 Command2	Caption	排序	
第三个命令按钮 Command3	Caption	存盘	

在"代码窗口"中编写事件过程代码如下:

```
Dim a(1 To 100) As Integer
Private Sub Command1_Click()
  Open "in5.txt" For Input As #1
  For i = 1 To 100
    Input #1, a(i)
    s = s & a(i) & " "
  Next i
  Close #1
  Text1.Text = s
End Sub

Private Sub Command2_Click()
    For i = 100 To 2 Step - 1
        For j = 1 To 99
            If a(j) < a(j + 1) Then
                t = a(j + 1)
                a(j + 1) = a(j)
                a(j) = t
            End If
        Next j
    Next i
    For i = 1 To 100
      If a(i) > 500 Then s = s & a(i) & " "
```

```
        Next i
        Text1.Text = s
End Sub
Private Sub Command3_Click()
    Open "out5.txt" For Output As #1
    Print #1, Text1.Text
    Close #1
End Sub
```

【注意】 保存并运行该程序,首先单击"取数"按钮,再分别单击"排序"和"存盘"按钮,在指定文件夹下生成 out5.txt 文件,可以通过"我的电脑"或"资源管理器"打开该文件,其内容应为大于 500 的数按降序排列。

第(2)题

【提示】

```
Private Sub Drive1_Change()
    Dir1.Path = Drive1.Drive
End Sub
Private Sub Dir1_Change()
    File1.Path = Dir1.Path
    Label3.Caption = File1.ListCount & "个文件!"
End Sub
Private Sub File1_Click()
    Label4.Caption = File1.FileName
End Sub
```

第(3)题

【提示】

```
Private Sub C1_Click()
    Dim i%, s&
    For i = 1 To 200
        If i Mod Cb1.Text = 0 Then s = s + i
    Next
    Text1.Text = s
End Sub
Private Sub Cb1_Click()
    Text1.Text = ""
End Sub
Private Sub Form_Unload(Cancel As Integer)
    Open "d:\jieguo.txt" For Output As #1
    Print #1, Cb1.Text, Text1.Text
    Close #1
End Sub
```

第(4)题

【提示】

```
Dim ygh As String, xm As String, xb As String, gz As String
    Private Sub Command1_Click()
    Open "d:/work.txt" For Output As #1
    For i = 1 To 6
        ygh = InputBox("请输入第" & i & "个职工的员工号")
```

```
        xm = InputBox("请输入第" & i & "个职工的姓名")
        xb = InputBox("请输入第" & i & "个职工的性别")
        gz = InputBox("请输入第" & i & "个职工的工资")
        Write #1, ygh, xm, xb, gz
    Next
    Close #1
End Sub
Private Sub Command2_Click()
    Open "d:/work.txt" For Input As #1
    Print "员工号", "姓名", "性别", "工资"
    For i = 1 To 6
        Input #1, ygh, xm, xb, gz
        Print ygh, xm, xb, gz
    Next
    Close #1
End Sub
```

第(5)题

【提示】

```
Type student                          '标准模块中定义数据类型
    xh As String * 2
    xm As String * 8
    cj As Single
End Type
Dim stu As student                    '定义一个全局变量
Private Sub Command1_Click()          '建立一个随机文件
    Open "d:/stu.dat" For Random As #1 Len = Len(stu)
    For i = 1 To 5
        stu.xh = InputBox("请输入第" & i & "个学生的学号")
        stu.xm = InputBox("请输入第" & i & "个学生的姓名")
        stu.cj = Val(InputBox("请输入第" & i & "个学生的成绩"))
        Put #1, i, stu
    Next
    Close #1
End Sub
Private Sub Command2_Click()          '显示随机文件
    Open "d:/stu.dat" For Random As #1 Len = Len(stu)
    Print "学号", "姓名", "成绩"
    For i = 1 To 5
        Get #1, i, stu
        Print stu.xh, stu.xm, stu.cj
    Next
    Close #1
End Sub
```

第(6)题

【提示】

```
Dim ygh As String, xm As String, xb As String, gz As String
Private Sub C1_Click()
```

```
        Cls
        Open "d:\work.txt" For Input As #1
        Print "员工号", "姓名", "性别", "工资"
        Do While Not EOF(1)
            Input #1, ygh, xm, xb, gz
            Print ygh, xm, xb, gz
        Loop
        Close #1
    End Sub


    Private Sub C2_Click()
        Open "d:\work.txt" For Append As #1
        Do
            ygh = InputBox("请输入职工的员工号!如果添加结束,请输入 DONE!")
            If UCase(ygh) = "DONE" Then Exit Do
            xm = InputBox("请输入职工的姓名")
            xb = InputBox("请输入职工的性别")
            gz = InputBox("请输入职工的工资")
            Write #1, ygh, xm, xb, gz
        Loop
        Close #1
        C1_Click
    End Sub
    Private Sub C3_Click()
        Dim answer As String
        Open "d:\work.txt" For Input As #1
        Open "d:\workcopy.txt" For Output As #2
        Cls
        Print
        Do Until EOF(1)
            Cls
            Print "员工号", "姓名", "性别", "工资"
            Input #1, ygh, xm, xb, gz
            Print ygh, xm, xb, gz
            answer = InputBox("删除该记录吗?(Y/N)")
            If UCase(answer) = "Y" Then
                MsgBox "该记录已删除!"
            Else
                Write #2, ygh, xm, xb, gz
            End If
        Loop
        Close #1
        Close #2
        Kill "d:\work.txt"
        Name "d:\workcopy.txt" As "d:\work.txt"
        Cls
        Print "员工号", "姓名", "性别", "工资"
        C1_Click
    End Sub


    Private Sub C4_Click()
```

```
            End
        End Sub
```

第(7)题
【提示】

```
Option Base 1
Private Sub C1_Click()
    Dim stu As student
    Open "d:\stu.dat" For Random As #1 Len = Len(stu)
    Cls
    Print "学号", "姓名", "成绩"
    For i = 1 To LOF(1) / Len(stu)
        Get #1, i, stu
        Print stu.xh, stu.xm, stu.cj
    Next
    Close #1
End Sub
Private Sub C2_Click()
    Dim i%, j%, n%, t As student, a() As student, stu As student
    Open "d:\stu.dat" For Random As #1 Len = Len(stu)
    Cls
    Print "学号", "姓名", "成绩"
    For i = 1 To LOF(1) / Len(stu)
        Get #1, i, stu
        Print stu.xh, stu.xm, stu.cj
    Next
    n = LOF(1) / Len(stu)
    ReDim a(n) As student
    For i = 1 To n
        Get #1, i, stu
        a(i).xh = stu.xh
        a(i).xm = stu.xm
        a(i).cj = stu.cj
    Next
    For i = 1 To n - 1
        For j = i + 1 To n
            If a(i).cj < a(j).cj Then
                t = a(i)
                a(i) = a(j)
                a(j) = t
            End If
        Next
    Next
    Cls
    Print "学号", "姓名", "成绩"
    For i = 1 To n
        Print a(i).xh, a(i).xm, a(i).cj
        Put #1, i, a(i)
    Next
    Close #1
```

```
End Sub
Private Sub C3_Click()
    Dim m%, n%, flag%, stu1 As student, stu As student
    stu1.xh = InputBox("请输入学生学号")
    stu1.xm = InputBox("请输入学生姓名")
    stu1.cj = InputBox("请输入学生成绩")
    Open "d:\stu.dat" For Random As #1 Len = Len(stu)
    n = LOF(1) / Len(stu)
    For i = 1 To n
        Get #1, i, stu
        If stu.cj < stu1.cj Then flag = i: Exit For
    Next
    If i > n Then
        flag = n + 1
    End If
    For i = n To flag Step -1
        Get #1, i, stu
        Put #1, i + 1, stu
    Next
    Put #1, flag, stu1
    Cls
    Print "学号", "姓名", "成绩"
    For i = 1 To n + 1
        Get #1, i, stu
        Print stu.xh, stu.xm, stu.cj
    Next
    Close #1
End Sub
Private Sub C4_Click()
    End
End Sub
```

第(8)题
【提示】

```
Dim a(5, 7)
Private Sub Command1_Click()
    Open "d:/ini117.txt" For Input As #1
        Text1 = ""
        For i = 1 To 5
            Input #1, a(i, 1)
    Text1 = Text1 + a(i, 1)
    For j = 2 To 7
    Input #1, a(i, j)
    Text1 = Text1 + "   " + Str(a(i, j))
    Next j
    Text1 = Text1 & Chr$(13) & Chr$(10) & Chr$(13) & Chr$(10)
    Next i
    Close #1
End Sub
Private Sub Command2_Click()
```

```
    For i = 1 To 5
        Sum = 0
        For j = 2 To 7
          Sum = Sum + Val(a(i, j))
        Next j
        Text2(i - 1).Text = CInt(Sum / 6)
    Next i
End Sub
Private Sub Command3_Click()
    For j = 2 To 7
      Sum = 0
      For i = 1 To 5
          Sum = Sum + a(i, j)
      Next i
      Text3(j - 2).Text = (Sum / 5)
    Next j
End Sub
Private Sub Command4_Click()
    Open "d:/jieguo117.txt" For Output As #1
      For k = 0 To 4
        Print #1, Text2(k).Text
    Next k
    For k = 0 To 5
    Print #1, Text3(k).Text
    Next k
End Sub
```

二、练习题 11 参考答案

选择题

1～5　CCCCD　　　　6～10　ACDDC

填空题

1. #2,1,0,outchar

2. Input,not eof(1)

3. keyascii,"END",Text1.text

实验 12 参考答案

实验参考答案

第(1)题
窗体设置：

```
Caption = "南京南京学院"
StartUpPosition = 2
```

文本框设置：

```
Alingment = 2
Multiline = true
Text = "NJIT"
```

列表框设置：

```
List(I) = "China"
         "Jiangsu"
         "Nanjing"
```

图像框设置：

```
Name = "图片"
Borderstyle = 1
Height = 1800
Width = 1700
```

复选框 1 设置：

```
Name = "复选一"
Caption = "彩色"
Value = 1
```

复选框 2 设置：

```
Name = "复选二"
Caption = "黑白"
```

命令按钮设置：

```
Name = "按钮"
Caption = "继续"
Private Sub Command1_Click()
  List1.AddItem Text1
End Sub
```

第(2)题

窗体设置：

```
Name = "Nanjing"
Caption = "圣火南京路线"
Picture = "南京.jpg"
Startupposition = 1
```

标签设置：

```
Name = "标签"
Alignment = 2
Backstyle = 0
Fontname = "黑体"
Fontsize = 36
Height = 975
```

```
Width = 3495
```

水平滚动条设置:

```
Largechange = 100
Max = 1000
Min = 100
```

文件列表框设置:

```
Name = "文件列表"
Pattern = *.jpg
```

命令按钮设置:

```
Name = "Clear"
Caption = "清除"
Private Sub Command1_Click()
   Form1.Picture = LoadPicture("")
End Sub
```

第(3)题

窗体设置:

```
Name = "个人介绍"
Caption = "我的个人信息"
```

文本框设置:

```
Text = "个人简历"
Locked = true
multiline = true
visible = false
```

标签设置:

```
Alignment = 1
Caption = "所获奖励"
visible = false
```

组合框设置:

```
Name = "组合框"
List(I) = "小学"
"初中"
"高中"
"大学"
Sorted = true
```

菜单一设置:

```
Name = "Menu1"
Caption = "个人简历"
Private Sub menu1_Click()
```

```
    Text1.Visible = True
End Sub
```

菜单二设置：

```
Name = "Menu1"
Caption = "所获奖历"
Private Sub menu2_Click()
  Label1.Visible = True
End Sub
```

命令按钮设置：

```
Caption = "清除"
Private Sub Command1_Click()
  Combo1.Clear
End Sub
```

综 合 训 练

二级考试大纲（Visual Basic 语言程序设计）

基本要求

(1) 熟悉 Visual Basic 集成开发环境。
(2) 了解 Visual Basic 中对象的概念和事件驱动程序的基本特性。
(3) 了解简单的数据结构和算法。
(4) 能够编写和调试简单的 Visual Basic 程序。

考试内容

一、Visual Basic 程序开发环境

1. Visual Basic 的特点和版本。
2. Visual Basic 的启动与退出。
3. 主窗口：(1) 标题和菜单；(2) 工具栏。
4. 其他窗口：(1) 窗体设计器和工程资源管理器；(2) 属性窗口和工具箱窗口。

二、对象及其操作

1. 对象：(1) Visual Basic 的对象；(2) 对象属性设置。
2. 窗体：(1) 窗体的结构与属性；(2) 窗体事件。
3. 控件：(1) 标准控件；(2) 控件的命名和控件值。
4. 控件的画法和基本操作。
5. 事件驱动。

三、数据类型及运算

1. 数据类型。
(1) 基本数据类型；(2) 用户定义的数据类型；(3) 枚举类型。
2. 常量和变量。
(1) 局部变量和全局变量；(2) 变体类型变量；(3) 缺省声明。
3. 常用内部函数。

4. 运算符和表达式。

(1) 算术运算符；(2) 关系运算符和逻辑运算符；(3) 表达式的执行顺序。

四、数据输入输出

1. 数据输出。

(1) Print 方法；

(2) 与 Print 方法有关的函数(Tab、Spc、Space $)；

(3) 格式输出(Format $)。

2. InputBox 函数。

3. MsgBox 函数和 MsgBox 语句。

4. 字形。

5. 打印机输出：(1) 直接输出；(2) 窗体输出。

五、常用标准控件

1. 文本控件：(1) 标签；(2) 文本框。

2. 图形控件。

(1) 图片框、图像框的属性、事件和方法；(2) 图形文件的装入；(3) 直线和形状

3. 按钮控件。

4. 选择控件：复选框和单选按钮。

5. 选择控件：列表框和组合框。

6. 滚动条。

7. 计时器。

8. 框架。

9. 焦点和 Tab 顺序。

六、控制结构

1. 选择结构：(1) 单行结构条件语句；(2) 块结构条件语句；(3) IIf 函数。

2. 多分支结构。

3. For 循环控制结构。

4. 当循环控制结构。

5. Do 循环控制结构。

6. 多重循环。

7. GoTo 型控制：(1) GoTo 语句；(2) On-GoTo 语句。

七、数组

1. 数组的概念：(1) 数组的定义；(2) 静态数组和动态数组。

2. 数组的基本操作：

(1) 数组元素的输入、输出和复制；(2) ForEach…Next 语句；(3) 数组的初始化。

3. 控件数组。

八、过程

1. Sub 过程：(1) Sub 过程的建立；(2) 调用 Sub 过程；(3) 调用过程和事件过程。

2. Funtion 过程：(1) Function 过程的定义；(2) 调用 Function 过程。

3. 参数传送：(1) 形参与实参；(2) 引用；(3) 传值；(4) 数组参数的传送。

4. 可选参数和可变参数。

5. 对象参数:(1)窗体参数;(2)控件参数。

九、菜单和对话框

1. 用菜单编辑器建立菜单。

2. 菜单项的控制:(1)有效性控制;(2)菜单项标记;(3)键盘选择。

3. 菜单项的增减。

4. 弹出式对话框。

5. 通用对话框。

6. 文件对话框。

7. 其他对话框(颜色、字体、打印对话框)。

十、多重窗体与环境应用

1. 建立多重窗体程序。

2. 多重窗体程序的执行与保存

3. Visual Basic 工程结构:(1)标准模块;(2)窗体模块;(3)SubMain 过程。

4. 闲置循环与 DoEvents 语句。

十一、键盘与鼠标事件过程

1. KeyPress 事件。

2. KeyDown 事件和 KeyUp 事件。

3. 鼠标事件。

4. 鼠标光标。

5. 拖放。

十二、数据文件

1. 文件的结构与分类。

2. 文件操作语句和函数。

3. 顺序文件:(1)顺序文件的写操作;(2)顺序文件的读操作。

4. 随机文件:(1)随机文件的打开与读写操作;(2)随机文件中记录的添加与删除;(3)用控件显示和修改随机文件。

5. 文件系统控件:(1)动器列表框和目录列表框;(2)文件列表框。

6. 文件基本操作。

2010 年 9 月全国计算机等级考试二级笔试试卷

Visual Basic 语言程序设计

(考试时间 90 分钟,满分 100 分)

一、选择题(每小题 2 分,共 70 分)

下列各题 A)、B)、C)、D) 四个选项中,只有一个选项是正确的。请将正确选项涂写在答题卡相应位置上,答在试卷上不得分。

(1)下列叙述中正确的是_____。

    A) 线性表的链式存储结构与顺序存储结构所需要的存储空间是相同的

    B) 线性表的链式存储结构所需要的存储空间一般要多于顺序存储结构

  C) 线性表的链式存储结构所需要的存储空间一般要少于顺序存储结构

  D) 上述三种说法都不对

（2）下列叙述中正确的是_____。

  A) 在栈中,栈中元素随栈底指针与栈顶指针的变化而动态变化

  B) 在栈中,栈顶指针不变,栈中元素随栈底指针的变化而动态变化

  C) 在栈中,栈底指针不变,栈中元素随栈顶指针的变化而动态变化

  D) 上述三种说法都不对

（3）软件测试的目的是_____。

  A) 评估软件可靠性   B) 发现并改正程序中的错误

  C) 改正程序中的错误   D) 发现程序中的错误

（4）下面描述中,不属于软件危机表现的是_____。

  A) 软件过程不规范   B) 软件开发生产率低

  C) 软件质量难以控制   D) 软件成本不断提高

（5）软件生命周期是指_____。

  A) 软件产品从提出、实现、使用维护到停止使用退役的过程

  B) 软件从需求分析、设计、实现到测试完成的过程

  C) 软件的开发过程

  D) 软件的运行维护过程

（6）面向对象方法中,继承是指_____。

  A) 一组对象所具有的相似性质   B) 一个对象具有另一个对象的性质

  C) 各对象之间的共同性质   D) 类之间共享属性和操作的机制

（7）层次型、网状型和关系型数据库划分原则是_____。

  A) 记录长度   B) 文件的大小

  C) 联系的复杂程度   D) 数据之间的联系方式

（8）一个工作人员可以使用多台计算机,而一台计算机可被多个人使用,则实体工作人员、与实体计算机之间的联系是_____。

  A) 一对一   B) 一对多   C) 多对多   D) 多对一

（9）数据库设计中反映用户对数据要求的模式是_____。

  A) 内模式   B) 概念模式   C) 外模式   D) 设计模式

（10）有三个关系 R、S 和 T 如下:

R		
A	B	C
a	1	2
b	2	1
c	3	1

S	
A	D
c	4

T			
A	B	C	D
c	3	1	4

则由关系 R 和 S 得到关系 T 的操作是_____。

  A) 自然连接   B) 交   C) 投影   D) 并

(11) 在 Visual Basic 集成环境中,要添加一个窗体,可以单击工具栏上的一个按钮,这个按钮是_____。

    A) 🗐   B) 🖾   C) 📰   D) 🗐

(12) 在 Visual Basic 集成环境的设计模式下,用鼠标双击窗体上的某个控件打开的窗口是_____。

    A) 工程资源管理器窗口   B) 属性窗口

    C) 工具箱窗口   D) 代码窗口

(13) 下列叙述中错误的是_____。

    A) 列表框与组合框都有 List 属性 B) 列表框有 Selected 属性,而组合框没有

    C) 列表框和组合框都有 Style 属性 D) 组合框有 Text 属性、而列表框没有

(14) 设窗体上有一个命令按钮数组,能够区分数组中各个按钮的属性是_____。

    A) Name   B) Index   C) Caption   D) Left

(15) 滚动条可以响应的事件是_____。

    A) Load   B) Scroll   C) Click   D) MouseDown

(16) 设 a＝5,b＝6,c＝7,d＝8,执行语句 X＝IIf((a＞b)And (c＞d),10,20)后,x 的值是_____。

    A) 10   B) 20   C) 30   D) 200

(17) 语句 Print Sgn(−6^2)＋ Abs(−6^2)＋Int(−6^2)的输出结果是_____。

    A) −36   B) 1   C) −1   D) −72

(18) 在窗体上画一个图片框,在图片框中画一个命令按钮,位置如图所示。

则命令按钮的 Top 属性值是_____。

    A) 200   B) 300   C) 500   D) 700

(19) 在窗体上画一个名称为 Command l 的命令按钮。单击命令按钮时执行如下事件过程:

```
Private Sub Command 1_Click()
a $ = "software and hardware"
b $ = Right(a $ ,8)
c $ = Mid(a $ , 1,8)
MsgBox a $ ,,b $ ,c $ , 1
End Sub
```

则在弹出的信息框标题栏中显示的标题是_____。

A) software and hardware

B) hardware

C) software

D) 1

(20) 在窗体上画一个文本框(名称为 Text 1)和一个标签(名称为 Label 1),程序运行后,如果在文本框中输入文本,则标签中立即显示相同的内容。以下可以实现上述操作的事件过程是_____。

A) Private Sub Text1_Change()

Label1. Caption＝Text1. Text

End Sub

B) Private Sub Label1_Change()

Label1. Caption＝Text1. Text

End Sub

C) Private Sub Text1_Click()

Label1. Caption＝Text1. Text

End Sub

D) Private Sub Label1_Click()

Label1. Caption＝Text1. Text

End Sub

(21) 以下说法中错误的是_____。

A) 如果把一个命令按钮的 Default 属性设置为 True,则按回车键与单击该命令按钮的作用相同

B) 可以用多个命令按钮组成命令按钮数组

C) 命令按钮只能识别单击(Click)事件

D) 通过设置命令按钮的 Enabled 属性,可以使该命令按钮有效或禁用

(22) 以下关于局部变量的叙述中错误的是_____。

A) 在过程中用 Dim 语句或 Static 语句声明的变量是局部变量

B) 局部变量的作用域是它所在的过程

C) 在过程中用 Static 语句声明的变量是静态局部变量

D) 过程执行完毕,该过程中用 Dim 或 Static 语句声明的变量即被释放

(23) 以下程序段的输出结果是_____。

```
x = I
y = 4
Do Until y > 4
x = x * y
Y = y + I
Loop
Print x
```

A) 1   B) 4   C) 8   D) 20

(24) 如果执行一个语句后弹出如图所示的窗口,则这个语句是_____。

A）InputBox("输入框","请输入 VB 数据")

B）x＝InputBox("输入框","请输入 VB 数据")

C）InputB ox("请输入 VB 数据","输入框")

D）x＝InputBox("请输入 VB 数据","输入框")

（25）有如下事件过程：

```
Private Sub Form Click()
Dim n A s Integer
x = 0
n = InputBox("请输入一个整数")
For i = 1 Ton
For j = 1 To i
x = x + I
Next j
Next i
Print x
End Sub
```

程序运行后，单击窗体，如果在输入对话框中输入"："，则在窗体上显示的内容是_____。

A）13   B）14   C）15   D）16

（26）请阅读程序：

```
Sub subP(b()As Integer)
For i = 1 To 4
b(i) = 2 * i
Next i
End Sub


Private Sub Command 1_Click()
Dim a(1 To 4)As Integer
A(1) = 5: a(2) = 6: a(3) = 7: a(4) = 8
subP a()
For i = 1 To 4
Print a(i)
Next i
End Sub
```

运行上面的程序，单击命令按钮，则输出结果是_____。

A）2   B）5   C）10   D）出错
   4   6   12
   6   7   14

　　　　　8　　　　　　　8　　　　　　　16

(27) Fibonacci 数列的规律是：前 2 个数为 1，从第 3 个数开始，每个数是它前 2 个数之和，即：1，1，2，3，5，8，13，21，34，55，89，…。某人编写了下面的函数，判断大于 1 的整数 x 是否是 Fibonacci 数列中的某个数，若是，则返回 True，否则返回 False。

```
Function Isfab(x As Integer)As Boolean
Dim a As Integer, b As Integer, c As Integer, flag As Boolean
flag = False
a = 1: b = I
Do While x < b
c = a + b
a = b
b = c
If x = b Then flag = True
Loop
Isfab = flag
End Function
```

　　测试时发现对于所有正整数 x，函数都返回 False，程序需要修改。下面的修改方案中正确的是_____。

　　　　A) 把 a＝b 与 b＝c 的位置互换

　　　　B) 把 c＝a＋b 移到 b＝c 之后

　　　　C) 把 Do While x＜b 改为 Do While x＞b

　　　　D) 把 if x＝b Then flag＝True 改为 If x＝a Then flag＝True

(28) 在窗体上画一个命令按钮，其名称为 Command1，然后编写如下事件过程：

```
Private Sub Command1_Click()
Dim a$, b$, c$, k%
a = "ABCD"
b = "123456"
c = ""
k = 1
Do While k < = Len(a)Or k < = Len(b)
If k < = Len(a)Then
c = c&Mid(a, k, 1)
End If
If k < = Len(b)Then
c = c&Mid(b, k, 1)
End If
k = k + 1
Loop
Print c
End Sub
```

　　运行程序，单击命令按钮，输出结果是_____。

　　　　A) 123456ABCD　　　　　　　B) ABCD123456

　　　　C) D6C5B4A321　　　　　　　D) AlB2C3D456

(29) 请阅读程序：

```
Private Sub Form_ Click()
m = 1
For i = 4 To 1 Step - 1
Print Str(m);
m = m + 1
For j = 1 To i
Print"*";
Next j
Print
Next i
End Sub
```

程序运行后,单击窗体,则输出结果是_____。

A) 1****	B) 4****	C) ****	D) *
2***	3***	***	**
3**	2**	**	***
4*	1*	*	****

(30) 在窗体上画一个命令按钮(其名称为 Command1),然后编写如下代码:

```
Private Sub Command 1_Click()
Dim a
a = Array(1, 2, 3, 4)
I = 3: j = 1
Do While i > = 0
s = s + a(i) * j
i = i - 1
j = j * 10。
Loop
Print s
End Sub
```

运行上面的程序,单击命令按钮,则输出结果是_____。

A) 4321　　　　　B) 123　　　　　C) 234　　　　　D) 1234

(31) 下列可以打开随机文件的语句是_____。

A) Open "file1 . dat" For Input As #1

B) Open "file1 . dat" For Append As #1

C) Open "file1. dat" For Output As #1

D) Open "file1. dat" For Random As #1 Len=20

(32) 有弹出式菜单的结构如下表,程序运行时,单击窗体则弹出如下图所示的菜单。下面的事件过程中能正确实现这一功能的是_____。

内容	标题	名称
无	编辑	edit
……	剪切	cut
……	粘贴	paste

剪切
粘贴

A) Private Sub Form _Click()

　　PopupMenu cut

　　End Sub

B) Private Sub Command l Click()

　　PopupMenu edit

　　End Sub

C) Private Sub Form_ Click()

　　PopupMenu edit

　　End Sub

　　End Sub

D) Private Sub Form_lick()

　　PopupMenu cut

　　PopupMenu paste

（33）请阅读程序：

```
Option Base I
Private Sub Form_ Click()
Dim Arr(4, 4)As Integer
For i = 1 To 4
For j = I To 4
Arr(i, j) = (i － 1) * 2 + j
Next j
Next i

For i = 3 To 4
For j = 3 To 4
Print Arr(j, i);
Next j
Print
Next i
End Sub
```

程序运行后，单击窗体，则输出结果是_____。

A) 5 7　　　　　　B) 6 8　　　　　　C) 7 9　　　　　　D) 8 10

　　 6 8　　　　　　　　7 9　　　　　　　　8 10　　　　　　　　8 11

（34）一下面函数的功能应该是：删除字符串 str 中所有与变量 ch 相同的字符，并返回删除后的结果。例如：若 str= "ABCDABCD"，ch= "B"，则函数的返回值为："ACDACD"

```
Function delchar(str As String, ch As String)As String
Dim k As Integer, temp As String, ret As String
ret = ""
For k = 1 To Len(str)
temp = Mid(str, k, 1)
If temp = ch Then
ret = ret&temp
End If
```

```
Next k
delchar = ret
End Function
```

但实际上函数有错误,需要修改。下面的修改方案中正确的是_____。

A) 把 ret＝ret&temp 改为 ret＝temp

B) 把 If temp＝ch Then 改为 If temp＜＞ ch Then

C) 把 delchar＝ret 改为 delchar＝temp

D) 把 ret ＝""改为 temp＝""

(35) 在窗体上画一个命令按钮和两个文本框,其名称分别为 Command1、Text I 和 Text2,在属性窗口中把窗体的 KeyPreview 属性设置为 True,然后编写如下程序:

```
Dim S I As String, S2 As String
Private Sub Form Load()
Text 1 . Text = ""
Text2. Text = ""
Text 1. Enabled = False
Text2. Enabled = False
End Sub
Private Sub Form_ KeyDown(KeyCode As Integer, Shift As Integer)
S2 = S2&Chr(KeyCode)
End Sub

Private Sub Forin_ KeyPress(KeyAscii As Integer)
S1 = S1&Chr(KeyAscii)
End Sub
Private Sub Command 1 Click
Text 1 . Text = S1
Text2. Text = S2
S1 = ""
S2 = ""
End Sub
```

程序运行后,先后按"a"、"b"、"c"键,然后单击命令按钮,在文本框 Text1 和 Text2 中显示的内容分别为_____。

A) abc 和 ABC   B) 空白   C) ABC 和 abc   D) 出错

二、填空题(每空 2 分,共 30 分)

请将每空的正确答案写在答题卡【1】～【15】序号的横线上,答在试卷上不得分。

(1) 一个栈的初始状态为空。首先将元素 5,4,3,2,1 依次入栈,然后退栈一次,再将元素 A,B,C,D 依次入栈,之后将所有元素全部退栈,则所有元素退栈(包括中间退栈的元素)的顺序为 【1】 。

(2) 在长度为 n 的线性表中,寻找最大项至少需要比较 【2】 次。

(3) 一棵二叉树有 10 个度为 1 的结点,7 个度为 2 的结点,则该二叉树共有 【3】 个结点。

(4) 仅由顺序、选择(分支)和重复(循环)结构构成的程序是 【4】 程序。

（5）数据库设计的四个阶段是：需求分析，概念设计，逻辑设计和 __【5】__ 。

（6）窗体上有一个名称为 Combo1 的组合框，其初始内容为空，有一个名称为 Command1、标题为"添加项目"的命令按钮。程序运行后，如果单击命令按钮，会将给定数组中的项目添加到组合框中，如图所示。请填空。

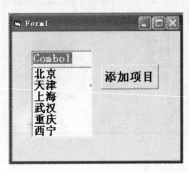

```
Option Base 1
Private Sub Command 1_ Click()
Dim city As Variant
city = __【6】__ ("北京","天津","上海","武汉","重庆","西宁")
For i = __【7】__ To UBound(city)
Combo 1. Addltem  __【8】__
Next
End Sub
```

（7）窗体上有一个名称为 Text1 的文本框和一个名称为 Command1、标题为"计算"的命令按钮，如图所示。函数 fun 及命令按钮的单击事件过程如下，请填空。

```
Private Sub Command 1 _Click()
Dim x As Integer
x = Val(InputBOX("输入数据"))
Text 1 = Str(fun(x) + fun(x) + fun(x))
End Sub

Private Function fun(ByRef n As Integer)
If n Mod 3 = 0 Then
n = n + n
Else
n = n * n
End If
 __【9】__ = n
End Function
```

当单击命令按钮，在输入对话框中输入 2 时，文本框中显示的是 __【10】__ 。

（8）窗体上有一个名称为 List1 的列表框，一个名称为 Picture 1 的图片框。Form_

Load 事件过程的作用是,把 Datal.txt 文件中的物品名称添加到列表框中。运行程序,当双击列表框中的物品名称时,可以把该物品对应的图片显示在图片框中如图所示。以下是类型定义及程序,请填空。

```
Private Type Pic
gName As String * 10        '物品名称
picFile As String * 20      '物品图片的图片文件名
End Type
Dim p(4)As Pic, pRec As Pic
Private Sub Form Load( )
Open "Datal.txt" For Random As #1    【11】    = Len(pRec)
For i = 0 To 4
Get #1, i + l, P(i)
LIStI.AddItem p(i).gNaine
Next i
Close #1
End Sub

Private Sub List I - DbIClick0
For i = OTo4
If RTrim(List - List(i)) = RTrim(  【12】  )Then
Picture l., Picture = LoadPicture(p(i).  【13】  )
Exit For
End If
Next
End Sub
```

(9) 窗体上有一个名称为 CD1 的通用对话框。通过菜单编辑器建立如图 1 所示的菜单。程序运行时,如果单击"打开"菜单项,则执行打开文件的操作,当选定了文件(例如:G:\VB\2010-9\in.txt)并打开后,该文件的文件名会被添加到菜单中,如图 2 所示。各菜单项的名称和标题等定义如下表。

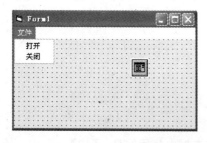

图 1

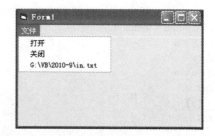

图 2

标　题	名　称	内　缩	索　引	可　见
文件	File	无	无	True
打开	Mnuopen	…	无	True
关闭	Mnuclose	…,	无	True
.	Mnu	…	无	True
空	Fname	…	0	False

以一下是单击"打开"菜单项的事件过程,请填空。

```
Dim mnuCounter As Integer
Private Sub tnnuOpen_ Click()
CDI. ShowOpen
If CD I . FileName <>"" Then
Open  【14】  For Input ＃1
mnuCounter = mnuCounter + 1
Load FName(mnuCounter)
FName(mnuCounter). Caption = CD I.FileName
FName(mnuCounter).  【15】  = True
Close ＃1
End If
End Sub
```

2010 年 9 月全国计算机等级考试二级笔试试卷参考答案

VB 参考答案

选择题

1. B	2. C	3. D	4. A	5. A	6. D	7. D	8. C
9. C	10. A	11. A	12. D	13. B	14. B	15. B	16. B
17. C	18. A	19. B	20. A	21. C	22. D	23. B	24. D
25. C	26. A	27. C	28. D	29. A	30. D	31. D	32. C
33. C	34. B	35. A					

填空题

1. 1DCBA2345

2. $\log_2(n)$

3. 25

4. 结构化程序设计

5. 物理设计

6. array

7. 1

8. city(i)

9. fun

10. 276

11. len

12. p(i). gName

13. picfile

14. CD1. filename

15. visible

参 考 文 献

[1] 王萍,聂伟强. Visual Basic 程序设计基础教程(第二版)习题解答与上机指导[M].北京：清华大学出版社,2008.

[2] 全国计算机等级考试命题研究中心未来教育与研究中心.全国计算机等级考试上级考试题库：二级 Visual Basic 3 版[M].北京：金版电子出版社,2007.

[3] 塞奎春,李俊民. Visual Basic 函数参考大全[M].北京：人民邮电出版社,2006.

[4] 高春艳,刘彬彬. Visual Basic 控件参考大全[M].北京：人民邮电出版社,2006.

[5] 朱从旭. Visual Basic 程序设计综合教程[M].北京：清华大学出版社,2005.

[6] 丁学钧,温秀梅. Visual Basic 程序设计教程与实验[M].北京：清华大学出版社,2005.